# 大圣陪你学AI

# 人工智能从入门到实验

## 第2版

徐菁 李轩涯 刘倩 计湘婷◎编著

覃祖军◎审

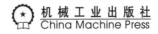

机械工业出版社

China Machine Press

**图书在版编目（CIP）数据**

大圣陪你学 AI：人工智能从入门到实验 / 徐菁等编著 . --2 版 . -- 北京：机械工业出版社，2022.1

ISBN 978-7-111-69823-4

I. ①大…  II. ①徐…  III. ①人工智能 - 少儿读物  IV. ① TP18-49

中国版本图书馆 CIP 数据核字（2021）第 265148 号

## 大圣陪你学 AI：人工智能从入门到实验　第 2 版

出版发行：机械工业出版社（北京市西城区百万庄大街 22 号　邮政编码：100037）

责任编辑：朱　劼　　　　　　　　　　　　责任校对：马荣敏

印　　刷：中国电影出版社印刷厂　　　　　版　　次：2022 年 4 月第 2 版第 1 次印刷

开　　本：186mm×240mm　1/16　　　　　印　　张：17.5

书　　号：ISBN 978-7-111-69823-4　　　　定　　价：99.00 元

客服电话：（010）88361066　88379833　68326294　　　投稿热线：（010）88379604

华章网站：www.hzbook.com　　　　　　　　读者信箱：hzjsj@hzbook.com

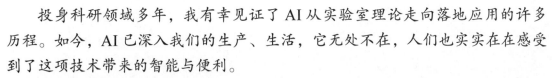

投身科研领域多年,我有幸见证了 AI 从实验室理论走向落地应用的许多历程。如今,AI 已深入我们的生产、生活,它无处不在,人们也实实在在感受到了这项技术带来的智能与便利。

与技术一同落地的还有科普教育。近年来,国家大力推行科技素质教育,《全民科学素质行动规划纲要(2021—2035 年)》指出,科技创新、科学普及是实现创新发展的两翼,要把科学普及放在与科技创新同等重要的位置。青少年是未来社会发展的希望,我深知青少年科普教育工作的重要性。在我看来,青少年人工智能教育主要分为三个层面:一是在孩子们的头脑里建立人工智能的概念,激发他们的兴趣和想象力;二是进行人工智能的实践,鼓励青少年探究人的思维模式;三是要不断鼓励青少年发现人工智能领域的应用。

然而,对于充满好奇心与想象力的青少年,如何激发他们对科学的求知欲?在年龄、知识、阅历等有限的情况下,他们如何有效地学习"深奥高深"的人工智能?在青少年的教育工作中,更应该注重思维和创造力的培养,注重用场景化、讲故事的方式来传递信息。具体到教程层面,生搬硬套现有的大学教材或者直接裁剪大学教材是不可取的,这不仅不符合青少年的学习习惯,还可能让他们失去学习的兴趣。在 AI 时代,不仅要向孩子们传授知识,更要激发他们的好奇心与想象力,培养他们的创造力和批判性思维能力,从而实现个体的差异化、精准化教育。

作为国内 AI 的头雁企业,百度近期成立的松果学堂旨在担起青少年 AI 教育的重任。松果学堂面向青少年提供各类 AI 课程、科普教程、趣味竞赛,希望借助百度积淀的 AI 技术资源和 AI 人才培养经验,让更多的青少年接触到 AI,并喜欢上 AI,为未来社会培养更多的 AI 后备人才。

可以预见的是，在未来的 10 到 20 年，国内各领域对 AI 人才的需求将逐渐上涨。而 10 年、20 年后，能够成为各领域核心人才的正是当下的青少年一代。希望这一系列 AI 书籍能在青少年读者的心中种下 AI 的"种子"，在不远的将来生根、发芽，与我们共建美好的 AI 世界。

王海峰

百度首席技术官

2021 年 11 月

要不要让孩子学习人工智能？

让孩子通过什么方式学习人工智能？

当人工智能逐渐成为日常工作、生活的一部分，甚至替代人类完成越来越多的工作时，10年、20年后孩子们凭借什么与人工智能争夺工作岗位？

牛津大学在2013年发布的一份报告预测，未来20年里有将近一半的工作可能被机器所取代。融入才是最好的竞争手段。在这样的浪潮中，让孩子从小开始接触、了解、学习人工智能势在必行。即使将来孩子不从事人工智能的相关工作，也能受益于通过学习人工智能培养的逻辑思维能力。

人工智能作为计算机科学的一个分支，自1956年问世以来，无论是理论还是技术，都已经取得飞速的进展。从智能机器人到无人驾驶汽车，从无人超市到智能分诊，人工智能已经深入当代社会的方方面面，成为未来国家竞争与科技进步的核心力量。

世界各国都在加大对人工智能的投入，抢占这一重要的科技战略高地。我国也高度重视人工智能，多次在政府工作报告中提出发展人工智能。由此可见，对于人工智能的学习不仅仅是个人成长和职业生涯规划的需要，也符合创新型国家发展的战略需要。

一段时间以来，"少儿编程"颇受家长们关注。许多家长看到了人工智能技术的前景，希望快人一步，尽早培养孩子的IT素养。但是，让青少年学习AI并非易事。一方面，过多、过早地学习纯理论知识，容易让青少年失去兴趣，甚至抵触学习；另一方面，纯理论学习缺少结合日常生活的实践，无法培养他们的动手能力。

青少年的学习过程往往是兴趣和好奇心导向的，而呈现在读者面前的，就是这样一本能激发兴趣、满足好奇心的 AI 教材。

本书从编程的角度出发，将青少年耳熟能详的孙悟空等经典人物角色和故事情节，与最常见、最易懂的人工智能应用案例相结合，用一个个妙趣横生的小故事来解读人工智能。故事中的人物形象丰满，故事情节生动、代入感强，青少年读者在轻松的阅读氛围中，能够随着故事主人公的种种冒险经历，与其一同"打怪升级"，在潜移默化中形成对人工智能的基本认知，在一个个解决"难题"的实际操作中建立信心，收获成就感。

在实践方面，本书基于百度 EasyDL 这一定制的模型训练和服务平台，读者可以根据提示进行操作，即使完全不懂编程也可以快速上手，这对于青少年从零开始了解人工智能、快速入门有极大的帮助。我们认为，在青少年学习人工智能的起步阶段，无须让大量的理论和公式先行，而是要激发学习兴趣，引导他们建立一种用人工智能解决问题的思维习惯和意识，为以后的深入学习打下基础。

基于这个理念，本书在编写的过程中时刻将"解决生活中遇到的问题"作为出发点和落脚点，将看似复杂、抽象的人工智能技术放置在实际场景中，由浅入深地讲解人工智能的基础概念、应用场景和操作方式。教学内容涉及目前非常热门且被广泛应用的音视频处理、计算机视觉、自然语言处理等人工智能领域，以引导青少年读者将理论知识付诸实践，学以致用。

本书在初稿编写完成后，反复征求了广大青少年及其家长的意见，力求将作者多年的教学实践经验与家长培养需求、青少年阅读能力相结合，并且故事情节、知识深度符合读者的认知能力和阅读水平。

本书自编写以来，得到了众多老师、学者的无私帮助和耐心指导。感谢他们对本书理论部分提出的宝贵意见，让本书内容更加精彩；感谢他们对本书实验内容的测试反馈，让实践内容千锤百炼。感谢曹焯然、乔文慧、许超、毕然、娄双双等同事在本书撰写过程中发挥的巨大作用。

作　者

2021 年 10 月

# 目　录

第 2 章

**悟空火眼辨妖怪，八戒金睛分灵猴**

第 1 章

**东胜神洲灵猴出，菩提树下修 AI**

第 4 章

**八戒一心寻美食，悟空妙招识珍馐**

第 3 章

**千里神眼识参果，八戒寻物哄师父**

# 东胜神洲灵猴出，菩提树下修 AI

很久很久以前，有一国名曰傲来国，其海滨的花果山顶有一块仙石轰然迸裂，孕育出一个石猴。这石猴灵敏聪慧，在水帘洞安家，山中群猴尊之为大王。他闲来无事，经常下山游玩。

# 人工智能无处不在

这天，他正在山下集市闲逛，看到前面围着一群人。一个樵夫正在谈论人工智能，讲得津津有味，众人都听得入迷，这引起了他的好奇心，于是他也凑过去听。

只听樵夫说道："如今的人工智能已经不再是几十年前难以理解的科学词语，它逐渐进入我们普通人的世界了。"

石猴疑惑道："此话怎讲？人工智能在哪里？"

樵夫抖抖衣服说道："你看我们平时常用的智能手机，别瞧它屏幕小，里面可藏着不少人工智能的神奇魔术呢！"

樵夫继续讲道："小到手机，大到家居产品，再到社会的各行各业，人工智能都在发挥着重要的作用。"

智能助理

智能图像
理解

新闻推荐
智能搜索

机器翻译

智能出行

网络购物
智能化推荐

人工智能正在改变着生活的方方面面，让我们尽享科技带来的便捷。

智能音箱是一个智能生活助理，我们可以和它进行语音对话。例如，可以让它定一个闹钟，问它天气变化情况，甚至可以向它请教作业中遇到的难题。

智能推荐系统是一个智能"推销员"，当你使用音乐软件听音乐时，智能推荐系统会根据你的兴趣定制音乐列表，还会推荐一些适合你收听的音乐。

## 社会中的人工智能

　　人工智能同样影响着社会的各行各业，推动着人类文明的进步和发展。

　　在安防领域，人脸识别、指纹识别仪器经常出现在公司或小区门口，用来判断一个人是否可以进入公司或者小区。只有与本人的身份信息匹配成功了，才允许这个人进入，这比传统的刷卡方法更严格、更安全。

在医疗领域，智能医疗设备可以提升医院的医疗服务水平。在医生稀缺的偏远地区，智能医疗设备能够辅助医生给人们看病。

在交通领域，人工智能也有很多应用，例如车牌识别、无人驾驶。

在 2018 年中央电视台春节联欢晚会广东珠海分会场的直播中，百余辆百度阿波罗无人车跨越港珠澳大桥，成为首批开上港珠澳大桥的车队。

石猴等不及樵夫继续说下去，打断道："据你所说，人工智能真是一个好东西，日后必有大用处。你可知道哪位神仙掌握此项技能吗？我好前去拜师学艺。"

樵夫答道："你看那边的灵台方寸山，山中有座斜月三星洞，洞中有一个老神仙，称菩提祖师，他精通此术。你可前去拜师学艺。"

按照樵夫所指的路，石猴跋山涉水，终于到了灵台方寸山，找到了三星洞，想寻祖师拜师学艺。

石猴跪在洞口，大声说道："我对人工智能非常感兴趣，望祖师能够收我为徒，传授此术。"

菩提祖师问道："你当真要学我的人工智能技术？你对此术可了解？"石猴道："知之甚少，只觉有趣。"

菩提祖师说道："我可以收你为徒，但你要能够回答'人工智能有什么用'这个问题，百度 AI 开放平台或许能帮助你找到答案。"

## 人工智能之初体验

菩提祖师给了石猴一台电脑，让他在浏览器的地址栏中输入网址 https://ai.baidu.com/，按下回车键，便进入了"百度 AI 开放平台"。

石猴选择"开放能力"，映入眼帘的是五花八门的技术能力，有语音技术、图像技术、文字识别、人脸与人体识别、视频技术、AR 与 VR、自然语言处理、数据智能和知识图谱等。

| Baidu 大脑 AI开放平台 | 开放能力 | 开发平台 | 行业应用 | 客户案例 | 生态合作 | AI市场 | 开发与教学 |
| --- | --- | --- | --- | --- | --- | --- | --- |

| 技术能力 | 语音识别 > | 语音合成 > | 语音唤醒 > |
| --- | --- | --- | --- |
| 语音技术 > | 短语音识别 | 在线合成-臻品音库 邀测 | |
| 图像技术 | 短语音识别极速版 热门 | 在线合成-精品音库 | 语音翻译 |
| 文字识别 | 实时语音识别 新品 | 在线合成-基础音库 | 语音翻译SDK |
| 人脸与人体识别 | 音频文件转写 | 离线语音合成 热门 | AI同传 邀测 |
| 视频技术 | EasyDL 语音自训练平台 | | |
| AR与VR | | 智能硬件 | 场景方案 新品 |
| 自然语言处理 | 呼叫中心 > | 远场语音识别 | 智能语音会议 |
| 知识图谱 | 音频文件转写 | 百度鸿鹄语音芯片 | 智能语音指令 |
| 数据智能 | 呼叫中心语音解决方案 新品 | 机器人平台ABC Robot | AI中台 > |
| 场景方案 | | | |
| 部署方案 | | | |

石猴看到图像技术甚为兴奋。他在花果山时最喜欢坐在路边，给过往的车辆拍照片，然后和小猴子们一起玩"看图猜车型"的游戏。于是，他点击"图像技术"，看到竟然有"车型识别"。

石猴迫不及待地点击"车型识别"，就看到了"功能演示"页面，在该页面中上传一张汽车的图片，人工智能就能自动输出车的品牌和型号。

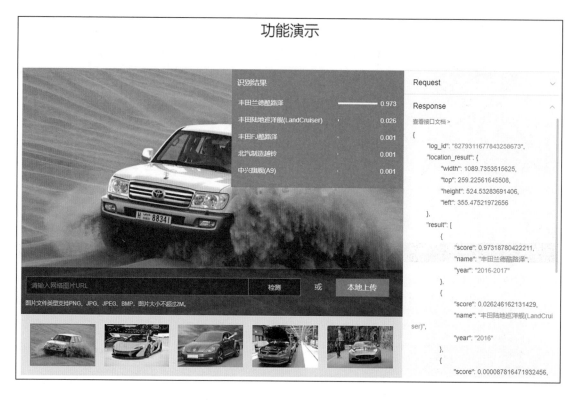

　　石猴开心不已，原来人工智能如此神奇，自己平日里看图片好久都猜不出来车的型号，人工智能竟然能马上给出答案。他暗自下定决心，一定要学好人工智能。

　　石猴用过百度 AI 开放平台之后，对人工智能越发感兴趣。更重要的是，他已经找到了答案。他再次来到菩提祖师面前，说道："祖师，人工智能可以让机器学会像人一样做事情，帮助人们解决问题，提高工作效率。"

　　祖师微微一笑，道："你现在就拜师吧。"石猴高兴地跪在地上："多谢师父！"祖师继续说道："自今天起，你就叫孙悟空吧。"

　　悟空大喜，说道："悟空多谢师父！"

# 人工智能的前世今生

悟空行完拜师礼，菩提祖师带他来到禅房，说道："从今日起，为师开始传授你人工智能技术。要学好人工智能，你首先要了解人工智能的前世今生，知道它从哪里来、要到哪里去。"

悟空问道："师父，人工智能到底是个什么样的东西呢？"

菩提祖师说道："简单来说，人工智能就是让机器能像人那样思考，甚至可能超过人的智能。"

"人工智能的发展经历了很长一段时间。"祖师补充道。

## 人工智能的发展史

人工智能的发展经历了三个阶段。

| 计算智能 | 感知智能 | 认知智能 |
|---|---|---|
| 能存会算 | 能听会说，能看会认 | 能理解，会思考 |

第一个阶段叫作"计算智能"。在这个阶段，机器只能做一些简单的数学运算，例如加、减、乘、除运算。这个时期的人工智能就像刚刚进入幼儿园的小朋友，只学会了一些基本的知识。

第二个阶段叫作"感知智能"，我们现在就处在这个阶段。在这个阶段，机器能够做一些简单的事情，如自动对话、图像识别等。这个时期的人工智能就像刚拜师的猴子。

第三个阶段是未来的发展方向，叫作"认知智能"。到那个时候，机器能完全像人一样理解、思考，这是人工智能的最高境界。这个阶段的人工智能能力高深莫测，但需要潜心修炼数百年才可能达到。

悟空又问道："师父，那人工智能发展到如今之流行，可有玄机？"

菩提祖师捋了捋胡须，说道："人工智能之所以能发展到如今的繁荣景象，确是有玄机的，这其中包含了'天时、地利、人和'。"

## 人工智能飞跃的玄机

### 天时：大数据的爆发为人工智能的飞跃提供了催化剂

在日常生活中，我们越来越离不开手机。大家每天都要用手机拍摄照片、录制视频、发微博、发微信等，这些图像、视频、声音、文本称为数据。

人们越来越依赖手机，每天产生的数据也越来越多，这为人工智能提供了大量的数据，可以使人们的生活更加便利。

=知识点=

**数据**，是每天产生的图像、视频、声音、文本等。
**大数据**，是各种数据汇集到一起组成的大量数据。

### 地利：算力的增长给人工智能的飞跃插上了翅膀

简单来说，算力就是悟空一小时内可以做多少道数学题，做的题目越多，说明算力越高。据科学界报道，人工智能的计算量每年增长 10 倍，只有提高算力，才能满足人工智能的要求。

拓展阅读

可参阅《AI 计算量每年增长 10 倍，摩尔定律也顶不住：OpenAI 最新报告》一文，文章网址为 https://www.qbitai.com/2019/11/8790.html。

**人和：算法的突破是人工智能飞跃的助推器**

科学家们在天时、地利的条件下，做了很多高科技研究，使人工智能有了质的变化。

讲到这里，菩提祖师捋了捋胡须，说道："为师希望你掌握人工智能后，能够在'人和'方面做一些贡献，推动人工智能继续飞跃。"

悟空使劲点了点头。

 # 人工智能背后的秘密

悟空已经了解了人工智能的前世今生，他觉得自己已经准备好开始修炼技能了。一日，他正准备继续练习 AI，菩提祖师说道："今日为师带你下山去历练。"

## 机器学习初入门，观察外观挑西瓜

菩提祖师带悟空来到山下的瓜田，说道："你去给为师挑选两个成熟的西瓜。记住，不可鲁莽搞破坏，要用你的智慧来判断。"

悟空这可犯了难，他以前吃西瓜都是直接砸开，看西瓜熟不熟，不熟就不吃。如今师父不许他破坏，这些西瓜看起来都差不多，怎么知道哪个熟了呢？

菩提祖师见悟空如此犯难，微笑着说道："为师今日教你用人工智能中的机器学习来观察外观，挑选成熟的西瓜。"

机器学习可以通过外观特点来判断一个西瓜是否成熟。西瓜的外观包括：西瓜的大小，表皮颜色是青绿还是墨绿，瓜蒂的状态是蜷缩还是坚挺，敲击西瓜的声音是清脆还是浑浊。这些都叫作特征。

---
知识点

**特征**，是指一个物体有异于其他物体的特点。
通常可以利用这些特点区分不同的物体。

---

菩提祖师随机挑选了 10 个西瓜，让悟空先观察它们的外观，每个特征记录一个数值，如表皮颜色从青绿到墨绿，按颜色深度划分为 10 个等级，用 1 ~ 10 来表示。然后，逐个切开西瓜看其是否成熟，并做好标记。观察完 10 个西瓜后，在脑海里总结各个特征与西瓜是否成熟之间的关联。最后，根据脑

海中的经验，去瓜田里挑选自己认为成熟的西瓜，并切开西瓜来验证自己的判断是否正确。

悟空因此获得了"根据外观挑西瓜"的技能，心想此次下山历练收获颇多，回到洞中一定要好好修炼。

举一反三遇难题，深度学习来助力

悟空学会挑西瓜的技能后很开心，刚回到三星洞，就开始琢磨怎么举一反三，更深入地掌握此技能。这天，他突然想到如果能够分辨人和动物，那就更神奇了。于是，他找了一堆人和狗的图片，开始修炼。

谁知，刚开始修炼，悟空就遇到了困难。

有些图片中需要分辨的对象外形是类似的，但实际上一个是人、一个是动物，这该如何选取特征进行分类呢？

悟空百思不得其解，只得去找师父解惑。

菩提祖师听了悟空的疑问后，欣慰地说道："你能自己发现问题，很好。其实还有个类似的问题，即有些需要分辨的对象外形看起来不同，但其实属于同一类。"

需要选取特征的机器学习只能解决一些简单的问题，而对于上面的复杂问题，就束手无策了。这种情况下，我们就要靠深度学习来助力了。

深度学习技术通过学习人类的神经系统，模仿人脑的神经元，去观察不同的事物有哪些不同的特征。我们不需要再去选取特征。

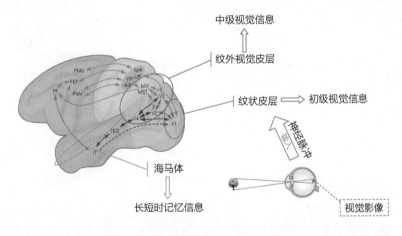

可以先回想一下人脑是如何识别图像的。当我们看到一张图像时，眼睛首先把视觉影像，也就是我们看到的图像，以神经脉冲的形式输入到大脑的纹状皮层；然后神经脉冲刺激大脑皮层，获取图像的所有特征，再输入到纹外视觉皮层，大脑经过思考，分辨出图像里的物体；最后，本次思考过程和获得的经验会保存在海马体里，作为记忆留在我们的大脑中。当然，随着时间的推移，有些记忆会丢失。

悟空听到这里，觉得人工智能更加神奇了，说道："如果深度学习能解决我遇到的难题，师父可否教授我此术？"

菩提祖师答道："当然，机器学习只是一个基本功，人工智能的神奇在于它可以模仿人脑。如今你基本功扎实，为师便开始授你人工智能中的技术。"

## 菩提祖师倾囊授，悟空勤学获技能

前面做了那么多准备工作，悟空终于可以开始修炼人工智能中的技术了。

首先，菩提祖师传授悟空火眼金睛的技能，火眼金睛可用来查看图像中的物体，还可以用来分析话语中隐藏的情绪。

例如，悟空最喜欢看路上来往的车辆，拍一张照片，火眼金睛就能把图像中所有的车辆都识别出来。

火眼金睛可以返回每辆车的类型和坐标位置，可以识别出一辆车是小汽车、卡车、巴士、摩托车还是三轮车。

再例如，悟空太调皮，经常惹师父生气，菩提祖师不得不训诫他。为了少被训，悟空要时刻理解师父话语中的情绪。如果识别出师父的负向情感——愤怒，那就要小心啦！

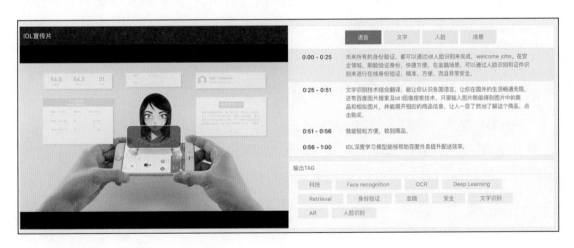

紧接着，菩提祖师又传授悟空顺风灵耳的技能，顺风灵耳可用来识别师兄们各种方言的语音，还可以分析视频中有哪些内容。

例如，悟空经常和师兄们一起看电影，但是有的电影没有字幕。有了顺风灵耳，悟空就可以帮助师兄们生成视频中的字幕了。

悟空在三星洞中一边修炼，一边用人工智能解决日常生活中遇到的问题，虽然修炼辛苦，但有满满的成就感。

转眼已过数载，菩提祖师已经把所有的技能都传授于悟空。一日，菩提祖师将悟空召至身边，说道："为师已经没什么能传授给你了，接下来要靠你自己通过实践去提升。为师现送你三个宝典，你且下山自行修炼吧。"

## 宝典 1：人工智能的基础工具——Python 编程语言

如果要修炼人工智能，必须学会编程，把自己的想法转换成机器可以读懂的语言，也就是编程。Python 是一种主流的编程语言，也是学习人工智能少不了的编程工具。

拓展阅读

Python 教程：

https://docs.python.org/zh-cn/3/tutorial/index.html

## 宝典 2：人工智能的基础技术框架——飞桨

PaddlePaddle（飞桨）是由百度出品的国内首个开源深度学习框架，集深度学习训练和预测框架、模型库、工具组件和服务平台于一体，是源于产业实践的开源深度学习平台。

## 宝典 3：人工智能的基础平台——EasyDL 平台

EasyDL 是基于飞桨框架 PaddlePaddle 的一个具有强大功能的 AI 开发平台，其中 EasyDL 经典版在自动化人工智能模型训练方面非常便捷，即使不懂算法、编程的零基础使用者，也可以使用 EasyDL 快速搭建深度学习模型。

拓展阅读

EasyDL 网址：

https://ai.baidu.com/easydl/

悟空接过三个宝典，拜别菩提祖师，回到了花果山水帘洞，自封"齐天大圣"，开始闭关修炼人工智能技术。

# 悟空火眼辨妖怪，八戒金睛分灵猴

话说悟空回到花果山后，勤加修炼，终于熟练掌握了人工智能技术。但想到菩提祖师告诉他要通过实践提升，于是他到处打听哪里有人工智能的用武之地。某日，悟空得知唐僧要从东土大唐到西天取经，他想：从东土大唐到西天，路途遥远，一路上肯定有各种问题需要解决，这是一个千载难逢的实践机会。

于是，悟空找到唐僧，请求带他一起去。开始唐僧并不愿意，觉得他难以约束，不理佛法，不符合自己的要求。悟空一心想实践，说道："我愿拜长老为师，受紧箍咒控制。况且路途遥远，你肯定需要一个能解决问题的徒弟。"唐僧想了想，觉得悟空说的确实有道理，于是答应了他的请求。唐僧还收了猪八戒和沙和尚为徒，师徒四人踏上了西天取经之路。

 **来自八戒的求助，看图识妖怪**

这天，师徒四人来到了黄风岭，又冷又饿。忽然一阵阴风袭来，唐僧不禁打了个寒战，对悟空说道："你去附近找找有没有农户，化些缘回来吧。"

悟空应了一声，便离开去找农户。正在路上走着，突然八戒追过来，边跑边喊道："猴哥，不好啦，师父被妖怪抓走了。"

猴哥，不好啦！

悟空急忙问："什么妖怪？"

八戒挠头道："我没认出来，不过我在最后关头用新买的相机拍了照片。"

八戒拿出照片给悟空看："只可惜，妖怪太狡猾了，我拍了好多照片，结果都没有拍到妖怪整张脸的样子。"

"这些妖怪本来就长得千奇百怪，装扮各异，有时候他们还会藏在幽深的山谷中，

甚至还会变身，化身人形、树木、房子等，实在是让人难以分辨啊！"八戒补充完，无奈地叹了口气。

悟空安慰他："莫怕，俺老孙当年在菩提祖师那里学到了火眼金睛的技能，能够对图像进行分类，一眼就能识别出是哪个妖怪。"

八戒疑惑地问道："我听说火眼金睛很厉害。不过，图像分类是何物？"

"这个就说来话长了，恐怕我得给你讲个几天几夜。现在师父还等着我们去搭救呢，我先给你看个简单的例子吧，也许你看后就明白了。"悟空说道。

说着，悟空拿出自己随身携带的笔记本电脑，在浏览器中输入 https://ai.baidu.com/。

**同学们，还记得吗？**
这是当年菩提祖师给他的百度 AI 体验平台。
没想到，有朝一日，悟空竟然会把这个推荐给别人。

### AI 在线体验课之图像识别

悟空打开百度 AI 开放平台的首页，点击"图像技术"，选择"图像识别"，在"图像识别"页面中继续选择"动物识别"。这个功能和妖怪识别最相似，悟空觉得这个例子肯定能让八戒明白图像分类是怎么回事。

选择一张图片，人工智能就能自动显示图片中动物的名称以及可能的分类。

识别结果

| 美国短毛猫 | 0.209 |
| 家猫 | 0.139 |
| 布偶猫 | 0.058 |
| 波米拉猫 | 0.054 |
| 英国短毛猫 | 0.048 |
| 欧洲短毛猫 | 0.047 |

请输入网络图片URL　　检测　或　本地上传

图片文件类型支持PNG、JPG、JPEG、BMP，图片大小不超过4M.

　　八戒看着悟空操作甚为有趣，不由得心痒痒，说道："猴哥猴哥，你也让俺试试呗。"

　　八戒接过悟空手里的电脑，选择了一张红色动物的图片，人工智能立刻就显示出这只红色动物有 99% 的可能性是红鹳。

识别结果

| 红鹳 | 0.99 |
| 红鹳 | 0.006 |
| 加勒比海红鹳 | 0.002 |
| 小红鹳 | 0.001 |
| 安第斯火烈鸟 | 0.001 |
| 美洲红鹳 | 0.001 |

请输入网络图片URL　　检测　或　本地上传

图片文件类型支持PNG、JPG、JPEG、BMP，图片大小不超过4M.

　　八戒体验了图像识别的功能后，兴奋地喊道："猴哥，这也太神奇了！给一张照片，人工智能就能告诉我这是什么妖怪。你也有这样的本领吗？"

悟空回答道："当然。"

"猴哥，那你快教教我如何识别妖怪吧。我也要承担起保护师父的责任。"

"当年，我可是天庭的天蓬元帅，基本功扎实着呢！我这一身本领可不能白费。"

悟空见八戒如此有责任心还上进好学，甚是欣慰。心想看来自己当初错怪八戒了，原以为他是个好吃懒做的呆子，没想到他也能如此积极，怪不得当初师父肯收他为徒。

想到这里，悟空仰天大笑道："哈哈，答应你就是了，我齐天大圣的名号也不是吹来的。"

##  哪种妖怪，悟空一看便知

悟空既然已经答应传授八戒火眼金睛的技能，自然就要认真履行诺言，这样也能尽快找到妖怪，救出师父，真是一举两得的好事。

### 八戒的方法

悟空学着当年菩提祖师的样子，一本正经地说道："八戒，我现在传授你看图识妖怪的技能，你先和师兄说说你平时是如何识别妖怪的？"

八戒虽没有悟空的火眼金睛，但这一路跟随大师兄降妖除魔，也跟众多妖怪打过交道了，自己也总结了点识别妖怪的小本事。

八戒认真地说道："我识别妖怪时，主要看妖怪的外在特点。"

"以咱们在平顶山莲花洞遇到的金角大王和银角大王为例吧，这俩妖怪头上都有角，金角大王的角是金色的，银角大王的角是银色的；再就是他们的衣服，一个是金色的，一个是银色的；还有他们随身携带的法器，与别的妖怪不同，他们的法器是一个葫芦。"

八戒说到这里，想到上次悟空差点被那葫芦融化，打趣道："猴哥，你还记得那个葫芦吧？就是把你吸进去，差点融化你的那个葫芦。"

悟空拍了拍八戒的头，说道："你还想不想学了，竟然敢拿我说笑，况且当初那葫芦对我本无效，只是困住我罢了！"

八戒嘿嘿笑道："猴哥，我知错了，我这不是看你担心师父，想调节一下气氛吗？"

悟空继续说道："你这种方法有时候确实有用，当年菩提祖师教我挑西瓜时用的就是这种方法。不过后来我发现有时候这种方法不管用，你发现了吗？"

八戒点点头，说道："是的，有时候我这方法就不灵了，这让我很困惑。"

悟空笑道："你说说看，有什么困惑？"

八戒说道："如果同一个妖怪呈现不同的表情和不同的姿态，我就很难识别出来了。"

"还有一些妖怪诡计多端，善于变化伪装，根本判断不出来！"八戒说着，有些着急了。

悟空大笑道："没错，你和我当初遇到的问题一样。

"妖怪变化多端，难以分辨。对于同一种妖怪，你需要观察并记忆他的各种变形。无论他高矮胖瘦，或者飞天遁地出现在任何地方，或者伪装成任何形态，比如人形、树木、房子，才能准确地揭开妖怪的面目。

"另外，各路妖怪虽千奇百怪，但难免存在一些共同点，要想识别是哪种妖怪，务必要找到能够区分不同妖怪的关键特点。"

例如，独角兕大王和牛魔王看起来相像，实则不同。从颜色上看，独角兕大王是青牛精，牛魔王是一头大白牛。从兵器上看，青牛精的兵器是太上老君防身用的金刚琢，逮住什么套什么，牛魔王用的却是棒子。抓住这些关键特点就很容易区分妖怪了。

　　"而如何找出这些关键的特点就是人工智能要做的事情啦！"

## 悟空的火眼金睛

　　听了悟空的精彩讲解，八戒有点迷糊了，尴尬地问道："大师兄，道理我老猪是明白了，可是妖怪种类多、特点也多，我还是学不会呀！"

猴哥，我还是
学不会呀！

　　悟空说道："不要着急，我带你一起去 EasyDL 平台用火眼金睛来识别抓走师父的妖怪，也许你就能学会了。"

我带你去
EasyDL 平台！

　　要在 EasyDL 平台上实现图像分类，不需要深入学习理论知识，只需收集数据，给数据进行标注，将其制作成一个符合标准的数据集，EasyDL 就能自动完成模型训练，实现图像分类的技能。

## 知识点

图像分类中的**数据**是指我们收集到的照片、图片，例如妖怪的图片。

**标注**是人对照片／图片属于何种妖怪的记录，如白骨精、蜘蛛精。

　　悟空带着八戒来到了 EasyDL 平台，准备用八戒拍摄的妖怪照片作为数据集，来识别抓走师父的妖怪，好赶快去救师父。

八戒则在一旁看着悟空操作。

## 看图识别妖怪

**第一步** **创建模型**

这个阶段的主要任务是选择平台类型，确定模型类型，配置模型基本信息（包括名称等），并记录希望模型实现的功能。

1）打开 EasyDL 平台主页，网址为 https://ai.baidu.com/easydl/，显示如图 2-1 所示的页面。

点击图 2-1 所示页面中的【立即使用】按钮，显示如图 2-2 所示的【选择模型类型】选择框。模型类型选择【图像分类】，进入【我的模型】，显示图 2-3 所示的操作台页面。

图 2-1　EasyDL 平台主页

图 2-2　选择模型类型

2）在图 2-3 所示的操作台页面中创建模型。

　　点击操作台页面中的【创建模型】按钮，显示如图 2-4 所示的页面，填写模型名称为"看图识别妖怪"，模型归属选择

"个人"，填写联系方式、功能描述等信息，点击【完成】按钮，完成模型的创建。

图 2-3　操作台页面

图 2-4　创建模型

3）模型创建成功后，可以在【我的模型】中看到刚刚创建的模型"看图识别妖怪"，如图 2-5 所示。

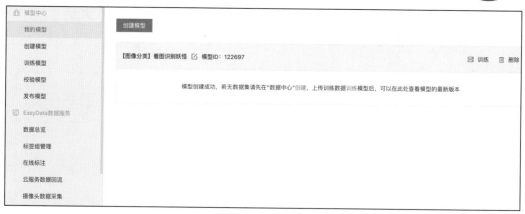

图 2-5　模型列表

**第二步**　**准备数据**

　　这个阶段的主要工作是根据图像分类的任务准备相应的数据集，并把数据集上传到平台，用来训练模型。

（1）准备数据集

　　　　首先扫描封底二维码下载压缩包，在【第 2 章 – 实验 1】中找到训练模型所需的图像数据。对于识别妖怪任务，我们准备了三种妖怪的图像，分别为豹子精、老虎精和狮子精。图片类型支持 png、bmp、jpeg 格式。之后，需要将准备好的图片按照分类存放在不同的文件夹里，同时将所有文件夹压缩为 .zip 格式。

　　　　然后，需要将准备好的图像数据按照分类存放在不同的文件夹里，文件夹名称即为图像对应的类别标签（Leopard、Lion、Tiger）。此处要注意，图像类别名（即文件夹名称）只能包含字母、数字、下划线，不支持中文命名。

　　　　最后，将所有文件夹压缩，命名为 yaoguai.zip，压缩包的结构示意图如图 2-6 所示。

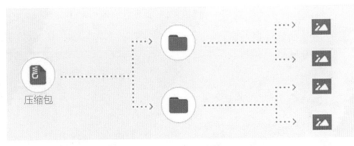

图 2-6　压缩包的结构示意图

（2）上传数据集

　　选择图 2-7 所示的【EasyData 数据服务】中的【数据总览】，点击【创建数据集】按钮，进入如图 2-8 所示的页面。在该页面中填写数据集名称，点击【完成】按钮完成数据集的创建。点击图 2-9 中的【导入】按钮，进入如图 2-10 所示的页面，在该页面中选择数据标注状态为【有标注信息】，导入方式选择【本地导入】，标注格式选择【以文件夹命名分类】并点击【上传压缩包】，选择 yaoguai.zip 压缩包进行上传。

　　选择好压缩包后，点击【确认并返回】按钮，成功上传数据集。

图 2-7　创建数据集

图 2-8　填写数据集名称

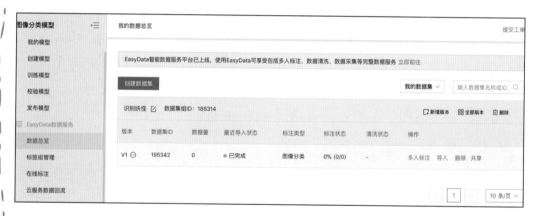

图 2-9　数据集创建结果

（3）查看数据集

上传成功后，可以在【数据总览】中看到数据集的信息，如图 2-11 所示。数据集上传后，需要一段处理时间，大约几分钟后就可以看到数据集上传的结果，如图 2-12 所示。

点击【查看与标注】可以看到数据的详细情况，如图 2-13 所示。

图 2-10 导入数据集

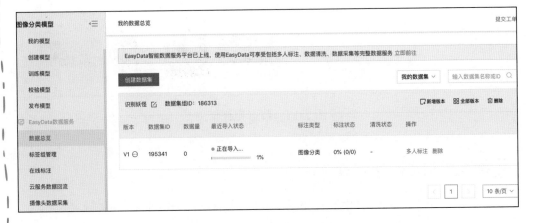

图 2-11 数据集展示

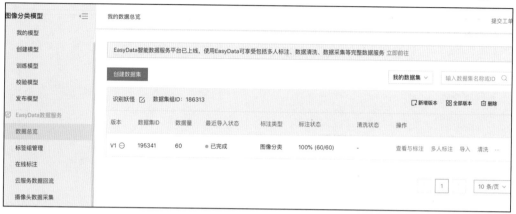

图 2-12　数据集上传结果

图 2-13　数据集详情

### 第三步　训练模型并校验结果

　　前两步已经创建好一个图像分类模型，并且创建了数据集。本步骤的主要任务是用上传的数据一键训练模型，并且在模型训练完成后，在线校验模型的效果。

（1）训练模型

数据上传成功后，在【训练模型】中，选择之前创建的图像分类模型，添加分类数据集，开始训练模型。训练时间与数据量有关，在训练过程中，可以设置训练完成的短信提醒并离开页面，如图 2-14～图 2-17 所示。

图 2-14　添加数据集

图 2-15　选择数据集

图 2-16　训练模型

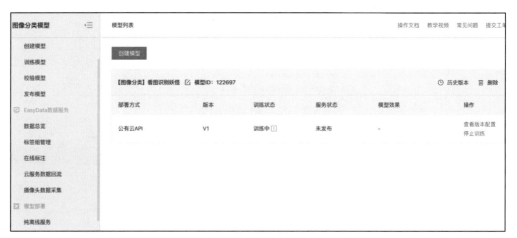

图 2-17　模型训练中

（2）查看模型效果

模型训练完成后，在【我的模型】列表中可以看到模型的效果（如图 2-18 所示）以及详细的模型评估报告（如图 2-19 所示）。从模型训练的整体情况可以看出，该模型的训练效果是很优异的。

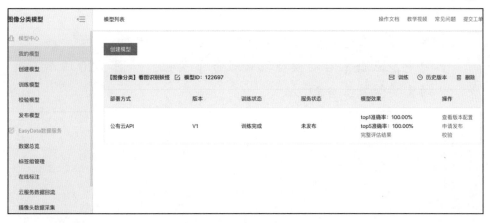

图 2-18　模型训练结果

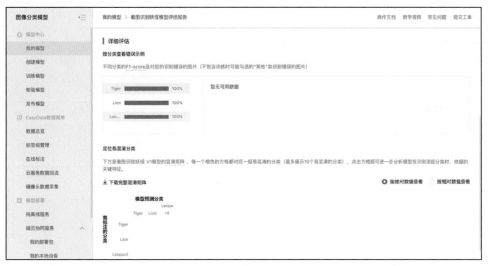

图 2-19　模型整体评估

知识点

**准确率**，正确识别的妖怪数 / 妖怪总数 *100%。

**召回率**，正确识别为某类妖怪的数量 / 该类妖怪原本的数量 *100%。

41

（3）校验模型

我们可以在【校验模型】中对模型的效果进行校验。

首先，点击【启动模型校验服务】按钮，如图 2-20 所示，大约需要等待 5 分钟。

图 2-20　启动校验服务

然后，准备一条图像数据，点击【点击添加图片】，如图 2-21 所示。

图 2-21　添加图像

最后，使用训练好的模型对上传图像进行预测，如图 2-22 所示，结果显示图像属于老虎。

图 2-22　校验结果

最后，悟空和八戒成功识别出不同的动物，并且找到了抓走师父的妖怪，二人成功救出了师父。

八戒救出了师父，非常开心。他更开心的是自己和猴哥一起用人工智能找到了抓走师父的妖怪，简直太神奇了。

只不过，急于救师父，八戒只顾着实践，却没有探明其中的奥秘：猴哥的火眼金睛到底是怎么炼成的呢？

八戒带着疑惑又来请教悟空。

悟空说道："现在师父回来了，那我就可以好好给你讲讲这其中的奥秘了。"

人工智能其实是模仿人脑思考的过程，实现一个类似于人脑神经元的结构去解决问题。

首先，人工智能会创建一个类似于人脑神经元的结构，我们称之为"模型"，它可以观察、比对、记录图片中的各种特点。然后，它为每个特点赋予一个数值，表示该特点所达到的程度，就像第 1 章中提到的西瓜外观特征值。最后，这个类似于人脑的结构会告诉我们，这张图片中是否为妖怪。

刚开始时，这个结构跟我们小时候的大脑一样，并不"聪明"，识别结果经常出现错误。经过不断添加训练数据进行训练，它变得越来越聪明，最后就像长大的我们，能够分辨出很多类别的图片。

## 悟空考考你：猴子猴孙分类

悟空给八戒讲了人工智能识别妖怪的原理，八戒醍醐灌顶，觉得自己的道行上升了一个层次。

不过，悟空可不是那么容易被忽悠的。他要考考八戒，看一下自己的教学成果如何。

悟空要出一道考题，看看八戒能不能举一反三，这样才能验证他是否真的明白了图像分类的奥秘。

"出个什么题目呢?"悟空嘟囔道。

花果山的猴子不仅数量多, 种类也是应有尽有, 有猕猴、蜂猴、眼镜猴等。出来这么久, 悟空也开始想念家中的猴子猴孙了, 干脆就以花果山猴子猴孙的分类作为考验八戒的题目吧!

猪八戒能否顺利过关呢?

## 八戒的"火眼金睛"

八戒拍拍肚皮, 自信地说:"如今我也拥有火眼金睛啦, 辨别猴子不在话下, 你就拭目以待吧。"

与分辨妖怪类似, 八戒也想到用 EasyDL 平台解决这个问题, 通过训练一个图像分类模型来识别不同种类的猴子。

八戒来到 EasyDL 平台, 开始解决猴哥给他出的题目。

## 花果山猴子分类

第一步 创建模型

这个阶段的主要任务是选择平台类型，确定模型类型，配置模型基本信息（包括名称等），并记录希望模型实现的功能。

1）打开 EasyDL 平台主页，网址为 https://ai.baidu.com/easydl/，如图 2-23 所示。

点击图 2-23 中的【立即使用】按钮，显示如图 2-24 所示的【选择模型类型】选择框。模型类型选择【图像分类】，进入【我的模型】，显示图 2-25 所示的操作台页面。

图 2-23　EasyDL 平台主页

2）在图 2-25 中显示的操作台页面创建模型。

点击操作台页面中的【创建模型】按钮，显示如图 2-26 所示的页面，填写模型名称为"花果山猴子分类"，模型归属选择"个人"，填写联系方式、功能描述等信息，点击【完成】按

钮，完成模型的创建。

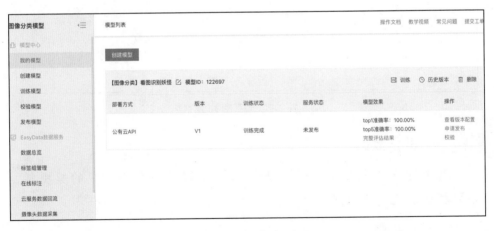

图 2-24　选择模型类型

图 2-25　操作台页面

3）模型创建成功后，就可以在【我的模型】中看到刚刚创建的模型"花果山猴子分类"，如图 2-27 所示。

图 2-26　创建模型

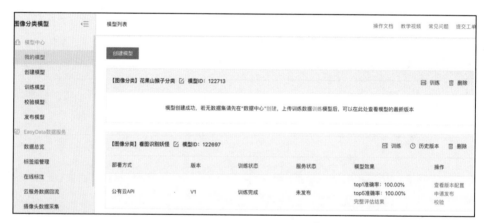

图 2-27　模型列表

**第二步　准备数据**

这个阶段的主要工作是根据图像分类的任务准备相应的数据集，并把数据集上传到平台，用来训练模型。

（1）准备数据集

首先扫描封底二维码下载压缩包，在【第2章－实验2】中找到训练模型所需的图像数据。对于猴子分类任务，我们准备了三种猴子的图像，分别为猕猴、蜂猴和眼镜猴。图片类型

均为 jpg，除此之外也支持 png、bmp、jpeg 图片类型。之后，需要将准备好的图片按照分类存放在不同的文件夹里，同时将所有文件夹压缩为 .zip 格式的文件包。

然后，需要将准备好的图像数据按照分类存放在不同的文件夹里，文件夹名称即为图像对应的类别标签（mihou、fenghou、yanjinghou）。此处要注意，图像类别名（即文件夹名称）只能包含字母、数字、下划线，不支持中文命名。

最后，将所有文件夹压缩，命名为 monkeys.zip，压缩包的结构示意图如图 2-28 所示。

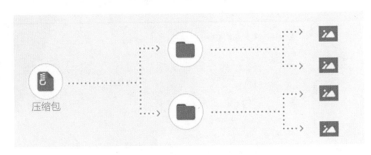

图 2-28　压缩包的结构示意图

（2）上传数据集

点击图 2-29 所示的【EasyData 数据服务】中的【数据总览】，点击【创建数据集】按钮，进入如图 2-30 所示的页面。在该页面中填写数据集名称，点击【完成】按钮，完成数据集的创建。点击图 2-31 中的【导入】按钮，进入图 2-32 所示的页面，在该页面中选择数据标注状态为【有标注信息】，导入方式选择【本地导入】，标注格式选择【以文件夹命名分类】并点击【上传压缩包】，选择 monkeys.zip 压缩包。

选择好压缩包后，点击【确认并返回】按钮，成功上传数据集。

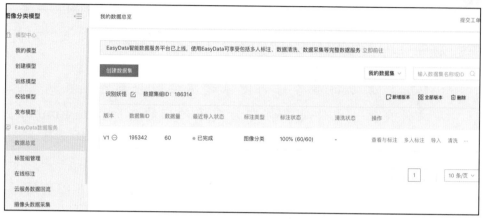

图 2-29　创建数据集

图 2-30　填写数据集名称

（3）查看数据集

上传成功后，可以在【数据总览】中看到数据集的信息，如图 2-33 所示。数据集上传后，需要一段处理时间，大约几分钟后就可以看到数据集上传结果，如图 2-34 所示。

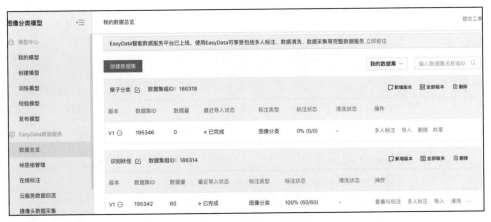

图 2-31　数据集创建结果

图 2-32　上传数据集

点击【查看与标注】，可以看到数据集的详细情况，如图 2-35
所示。

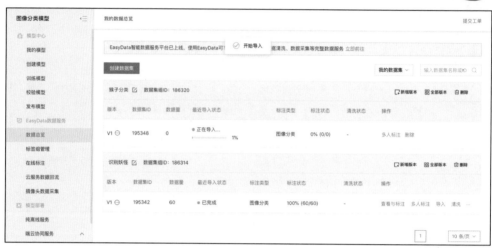

图 2-33　数据集展示

图 2-34　数据集上传结果

### 第三步　训练模型并校验结果

前两步已经创建好了一个图像分类模型，并且创建了数据集。本步骤的主要任务是用上传的数据一键训练模型，并且在模型训练完成后在线校验模型的效果。

图 2-35　数据集详情

（1）训练模型

　　数据上传成功后，在【训练模型】中，选择之前创建的图像分类模型，添加分类数据集，开始训练模型。训练时间与数据量有关，在训练过程中，可以设置训练完成的短信提醒并离开页面，如图 2-36 ～图 2-39 所示。

图 2-36　添加数据集

图 2-37　选择数据集

图 2-38　训练模型

（2）查看模型效果

模型训练完成后，在【我的模型】列表中可以看到模型的效果（如图 2-40 所示）以及详细的模型评估报告（如图 2-41 所

示）。从模型训练的整体情况可以看出，该模型训练的效果是
比较优异的。

图 2-39　模型训练中

图 2-40　模型训练结果

（3）校验模型

我们可以在【校验模型】中对模型的效果进行校验。

首先，点击【启动模型校验服务】按钮，如图 2-42 所示，大
约需要等待 5 分钟。

55

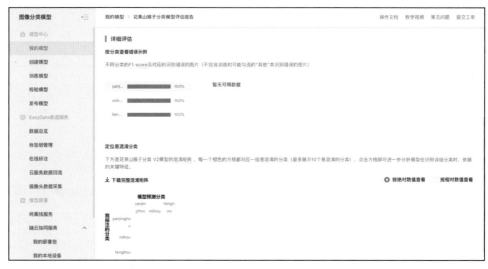

图 2-41　模型整体评估

图 2-42　启动校验服务

然后，准备一条图像数据，点击【点击添加图片】，如图 2-43 所示。

最后，使用训练好的模型对上传图像进行预测，如图 2-44 所示，结果显示图像属于猕猴。

图 2-43　添加图像

图 2-44　校验结果

最后，八戒独立完成了花果山猴子猴孙分类的任务，顺利通过了悟空的考验。

八戒开心地说道："怎么样，猴哥？我还不错吧！"

悟空连连点头，说道："恭喜你通过考验！你没让为兄失望，以后我再也不喊你呆子了。"

**家庭作业**

**想一想**：生活中有哪些图像分类的应用场景？

**做一做**：使用图像分类完成人物分类。

# 第3章

## 千里神眼识参果，八戒寻物哄师父

悟空和八戒救出师父后，加快脚步离开了黄风岭，继续西行。这天，唐僧一行人来到万寿山，山中有一座"五庄观"。观中的镇元大仙乃唐僧老友，于是师徒四人上山入观，想拜访镇元大仙。

　　四人进入观中，得知镇元大仙外出赴会。不过，临行前他吩咐弟子准备两个人参果给唐僧吃。因人参果状似婴孩，唐僧不忍食用，被镇元大仙的弟子吃掉了。八戒在一旁垂涎欲滴，忍不住想去果园偷人参果吃。

 ## 来自八戒的求助，寻找人参果

　　八戒悄悄来到后山的果园，想要偷人参果吃。结果，满园的果子，各种各样，让八戒眼花缭乱，人参果在哪里呢？八戒找了半天也没找到，只能再次向大师兄求助。

悟空看到八戒满脸愁容，问道："说吧，又遇到什么难题了？"

八戒便把自己的难题说了出来。悟空笑道："原来是找人参果，这老道士的果园确实大，有这么多果子。"

悟空用火眼金睛扫了一遍果园，说道："莫怕，俺老孙的火眼金睛这个时候同样有效，能够检测出图像中你想要的物体，帮你快速寻到人参果。"

八戒疑惑问道："物体？检测？这又是何物？"

悟空仰天大笑，说道："哈哈，怪我又给你讲名词了。物体其实就是你想要找到的人参果；检测嘛，自然就是寻找的意思。"

八戒恍然大悟："原来如此，有意思。那猴哥，你上次带我去的那个什么开放平台，是不是也可以体验这种物体检测技能呀？"

悟空有点恨铁不成钢，失望地说道："是百度 AI 开放平台！都带你去过一次了，竟还不记得，亏我还说再也不叫你呆子了。"

八戒憨憨地说道："猴哥莫生气，你再带我去一次，我肯定就记得了。"

## AI 在线体验课之物体检测

悟空拿出笔记本电脑，在浏览器中迅速键入网址 https://ai.baidu.com/，点击回车键，进入百度 AI 开放平台的首页，点击"图像技术"，选择"车辆分析"进入车辆分析页面，继续点击"车辆检测"，寻找停车场中的车。这个功能和寻找人参果最相似，悟空觉得这个例子肯定能让八戒明白物体检测是怎么回事。

悟空选择了一张停车场的图片，人工智能迅速找出了图片中车辆的位置。

八戒看着屏幕中圈出的车辆，高兴地喊道："对！我就是要做这件事情，让人工智能帮我把人参果都圈出来。"

悟空无奈地笑道："果然还是个呆子。"

八戒焦急说道："猴哥，你快教我怎么找人参果吧，我这口水一直流，再吃不到人参果，我就要难受死了。"

悟空说道："好，传授你技能就是了。"

 **人参果在哪儿，悟空一看便知**

虽然八戒这次的求助让悟空很无奈，不过念在他还是好学的份上，悟空还是想尽心教他，也许日后有更重要的用处，或者能一起保护师父也不错。

### 八戒的方法

悟空说道："你还是先来说一下，平时是如何寻找物体的？"

八戒摸着头说道："也没有特别好的办法，这不像识别妖怪，只需要判断整张图中是什么妖怪就行。寻找物体不仅要识别出物体类别，还要找到物体具体的位置。"

八戒接着说道："我的方法就是把图片分成很多小方格，一个小方格一个小方格地逐一去对比，直到找到想找的物体。拿找鸟来说吧，我会从图像的左上方开始，一小块一小块地寻找，找的时候对比小方格中是否有鸟的特点，比如是否有翅膀、有飞的动作等，直到找完整张图片。"

## 八戒的困惑

　　"不过，这种方法不好用，所以我一直觉得寻找物体这个事情太难了。"八戒又补充道。

　　悟空问道："说说看，怎么不好用？"

　　"首先，这种方法太慢了，要一点一点地看完整张图片，我的眼睛都看疼了；还有，如果我选的小方格大小不合适，可能根本就找不到鸟。"八戒说道。

## 悟空的升级版火眼金睛

　　悟空说道："你不要着急，我还是带你一起去 EasyDL 平台用火眼金睛来帮你寻找人参果吧。"

　　八戒兴奋地说道："好呀！好呀！"

　　悟空拿出电脑，在浏览器里输入 EasyDL 平台的网址 https://ai.baidu.com/easydl/，准备帮助八戒找出果园中的人参果。

　　八戒则在旁边兴奋地看着。

## 寻找人参果

**第一步** **创建模型**

这个阶段的主要任务是选择平台类型，确定模型类型，配置模型基本信息（包括名称等），并记录希望模型实现的功能。

1）打开 EasyDL 平台主页，网址为 https://ai.baidu.com/easydl/，如图 3-1 所示。

点击图 3-1 中的【立即使用】按钮，显示如图 3-2 所示的【选择模型类型】选择框。选择模型类型为【物体检测】，进入【我的模型】，显示如图 3-3 所示的操作台页面。

图 3-1　EasyDL 平台主页

2）在图 3-3 所示的操作台页面中创建模型。

点击操作台页面中的【创建模型】按钮，显示如图 3-4 所示的页面，填写模型名称为"寻找人参果"，模型归属选择"个人"，填写联系方式、功能描述等信息，点击【完成】按钮完成模型的创建。

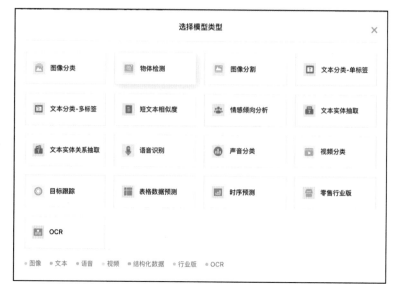

图 3-2　选择模型类型

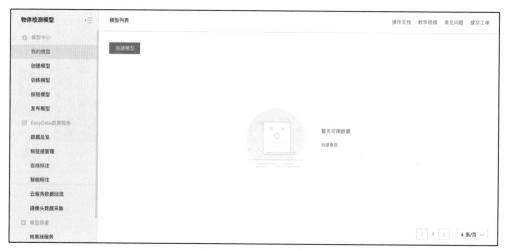

图 3-3　操作台页面

3）模型创建成功后，可以在【我的模型】中看到刚刚创建的模型"寻找人参果"，如图 3-5 所示。

图 3-4　创建模型

图 3-5　模型列表

第二步　**准备数据**

　　这个阶段的主要工作是根据物体检测的任务准备相应的数据集，并把数据集上传到平台，用来训练模型。

（1）准备数据集

首先扫描封底二维码下载压缩包，在【第3章 – 实验1】中找到所需数据。对于寻找人参果任务，我们准备了包含不同场景下人参果的照片。图片类型支持 png、bmp、jpeg 格式。之后，需要将准备好的图片按照分类存放在不同的文件夹里，同时将所有文件夹压缩为 .zip 格式。

将准备好的图像数据放在文件夹中，压缩文件夹并命名为 renshenguo.zip，压缩包的结构示意图如图 3-6 所示。

图 3-6　压缩包的结构示意图

（2）上传数据集

如图 3-7 所示，点击【数据总览】中的【创建数据集】按钮，进入如图 3-8 所示的页面，在该页面中填写数据集名称，点击【完成】按钮完成数据集的创建。点击图 3-9 中的【导入】按钮，进入如图 3-10 所示的页面，在该页面中选择数据标注状态为【无标注信息】，导入方式选择【本地导入】并点击【上传压缩包】，选择 renshenguo.zip 压缩包。

选择好压缩包后，点击【确认并返回】按钮，成功上传数据集。

图 3-7　创建数据集

图 3-8　填写数据集名称

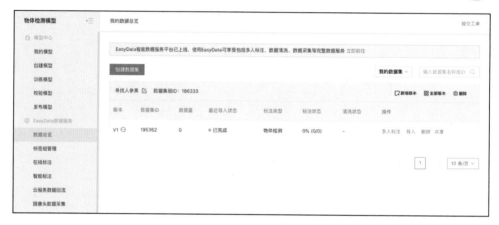

图 3-9　数据集创建结果

图 3-10　上传数据集

（3）查看数据集

上传成功后，可以在【数据总览】中看到数据集的信息，如图 3-11 所示。数据集上传后，需要一段处理时间，大约几分钟后就可以看到数据集的上传结果，如图 3-12 所示。

点击【查看与标注】，可以看到数据集的详细情况，如图 3-13 所示。

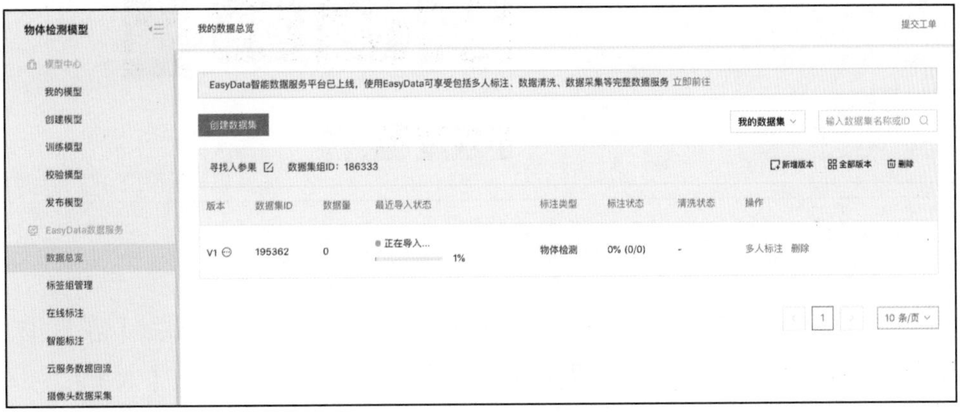

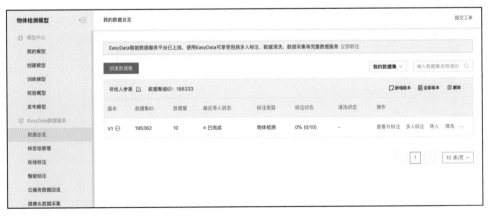

图 3-11　数据集展示

图 3-12　数据集上传结果

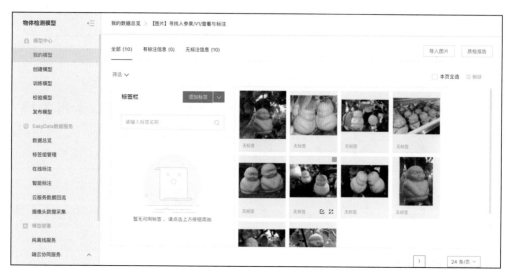

图 3-13　数据集详情

在物体检测任务中，还需要对数据进行标注，点击【在线标注】选择数据集为【寻找人参果】，版本选择为【V1】，如图 3-14 所示。对每一条数据进行标注，如图 3-15 所示。

图 3-14　选择数据集及版本

图 3-15　数据标注

第三步　训练模型并校验结果

前两步已经创建好了一个物体检测模型，并且创建了数据集。本步骤的主要任务是利用上传的数据集一键训练模型，并且在模型训练完成后，在线校验模型的效果。

（1）训练模型

数据上传成功后，在【训练模型】中，选择之前创建的物体检测模型，添加分类数据集，开始训练模型。训练时间与数据量有关，在训练过程中，可以设置训练完成的短信提醒并离开页面。如图 3-16～图 3-19 所示。

图 3-16 添加数据集

图 3-17 选择数据集

图 3-18　训练模型

图 3-19　模型训练中

（2）查看模型效果

　　模型训练完成后，在【我的模型】列表中可以看到模型的效果

（如图 3-20 所示）以及详细的模型评估报告（如图 3-21 所示）。

图 3-20 模型训练结果

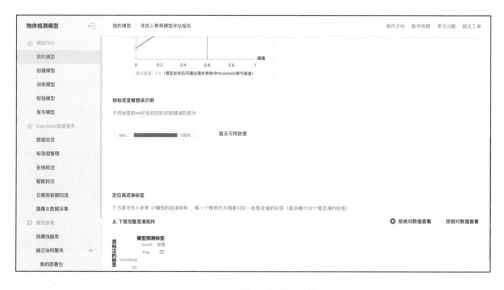

图 3-21 模型整体评估

（3）校验模型

我们可以在【校验模型】中对模型的效果进行校验。

首先，点击【启动模型校验服务】按钮，如图 3-22 所示，大约需要等待 5 分钟。

图 3-22　启动校验服务

然后，准备一条图像数据，点击【点击添加图片】，如图 3-23 所示。

图 3-23　添加图片

最后，使用训练好的模型对上传图像进行预测。如图 3-24 所示，成功找出人参果的位置。

图 3-24　校验结果

悟空帮助八戒找到了果园中的人参果，八戒开心地跳了起来，跑过去摘了三个人参果，津津有味地吃起来。

悟空看着八戒那贪吃的样子，觉得又无奈又可笑，说道："八戒，偷吃总归不好，等会儿咱们还是去跟这园子的主人说一声吧。"

八戒抹抹嘴巴，说道："没关系的，况且这园子的主人不是不在嘛。"

"不行，那等主人回来再去说。"悟空认真起来。

八戒说道："好，知道了。"

## 火眼金睛是怎么升级的

八戒吃完人参果，心满意足地摸了摸肚子。不过，他更开心的是自己从大师兄那里学来的火眼金睛升级了。

刚刚只顾着吃，忘记请教大师兄物体检测的奥秘了。猴哥的火眼金睛到底是怎么升级的呢？

八戒带着疑惑又来请教悟空。

悟空说道："你现在吃好了，才想起来要学习理论知识了？"

八戒不好意思地说道："猴哥，你别取笑我了，你知道我就是爱吃，抵挡不住美食的诱惑。不过，我现在不是诚心来学习了嘛。"

悟空满意地笑了，说道："你老猪还算有心学习，我再好好给你讲讲。"

其实，物体检测和图像分类两个技能很相似，都是对图像进行的操作。不过，物体检测要比图像分类更难。

人工智能实现物体检测和图像分类相似的地方在于，都是模仿人脑进行思考和分析。图像分类只需要找出能够区分不同物体的关键特点即可，而物体检测除了需要找出不同物体的特点，还要找出物体的边界。

八戒打断问道："边界？什么是边界？"

悟空继续说道："边界就是一个物体的最外部，比如你头顶的帽子就是你的上方边界，帽子上面就已经不是你了。"

八戒恍然大悟道："原来如此。"

悟空说道："因此，物体检测的难点就在于如何找出物体的边界。其实，我们的大脑可以分辨出不同物体的边界。例如，对于一只猫来说，耳朵就是它的一个边界，爪子是下方的边界。同理，我们还可以找出四周各个方向的边界，把这些边界围起来，就可以确定物体的位置了，这样就找到小猫了。"

人工智能会构造一个类似于人脑的结构去观察物体的边界特征，找到边界特征之后，自然就能检测出物体了。

 **悟空考考你：帮沙师弟寻找羽毛球**

悟空给八戒讲了人工智能寻找人参果的原理，八戒醍醐灌顶，觉得自己的道行又上升了一个层次。

悟空说道："希望有一天，你能用这技能去帮助别人，也不枉我费尽苦心教你"。

## 悟空的考题

悟空和八戒正说着，沙和尚从远处跑来，边跑边喊道："大师兄，不好了！"

悟空一阵紧张，问道："师父被妖怪抓走了？"

沙和尚喘匀了气，说道："不是，我和师父在后山打羽毛球，结果我不小心把羽毛球打到草丛里找不到了，师父生气了。"

八戒哈哈大笑，说道："你怎么又丢东西，昨天丢的篮球和足球找到了吗？"

沙和尚懊恼地摇摇头。

悟空正好想找个题目考考八戒，没想到题目自己跑过来了。于是对八戒说道："这个任务就交给你了，看看你是不是真正掌握了物体检测的技能。"

八戒信誓旦旦地回答："没问题，包在我身上！"

## 八戒的升级版"火眼金睛"

八戒对沙和尚说道："老沙，你不要着急，俺老猪来帮你找到羽毛球，一定能把师父哄好。"

八戒借了悟空的笔记本，打开 EasyDL 平台的网址，准备帮沙和尚找到丢失的各种球。这回八戒没有忘记网址，熟练地在浏览器中输入 EasyDL 平台的网址 https://ai.baidu.com/easydl/，开始了他的任务。

## 寻找羽毛球

**第一步** **创建模型**

　　这个阶段的主要任务是选择平台类型，确定模型类型，配置模型基本信息（包括名称等），并记录希望模型实现的功能。

1）打开 EasyDL 平台主页，网址为 https://ai.baidu.com/easydl/，如图 3-25 所示。

　　点击图 3-25 中的【立即使用】按钮，显示如图 3-26 所示的【选择模型类型】选择框。选择模型类型为【物体检测】，进入【我的模型】，显示如图 3-27 所示的操作台页面。

图 3-25　EasyDL 平台主页

2）在图 3-27 所示的操作台页面中创建模型。

　　点击操作台页面中的【创建模型】按钮，显示如图 3-28 所示的页面，填写模型名称为"寻找羽毛球"，模型归属选择"个人"，填写联系方式、功能描述等信息，点击【完成】按钮完成模型的创建。

图 3-26    选择模型类型

图 3-27    操作台页面

图 3-28　创建模型

3）模型创建成功后，可以在【我的模型】中看到刚刚创建的模型"寻找羽毛球"，如图 3-29 所示。

图 3-29　模型列表

**第二步** **准备数据**

这个阶段的主要工作是根据物体检测的任务准备相应的数据集，并把数据集上传到平台，用来训练模型。

（1）准备数据集

首先扫描封底二维码下载压缩包，在【第3章－实验2】中找到所需数据，准备用于训练模型的图像数据。对于寻找羽毛球任务，我们准备了不同场景下羽毛球的照片。图片类型支持 png、bmp、jpeg 格式。之后，需要将准备好的图片按照分类存放在不同的文件夹里，同时将所有文件夹压缩为 .zip 格式。

将准备好的图像数据放在文件夹中，压缩文件夹并命名为 yumaoqiu.zip，压缩包的结构示意图如图 3-30 所示。

图 3-30　压缩包的结构示意图

（2）上传数据集

点击图 3-31 所示的【数据总览】页面中的【创建数据集】按钮，进入如图 3-32 所示的页面，在该页面中填写数据集名称，点击【完成】按钮完成数据集的创建。点击图 3-33 中的【导入】按钮进入如图 3-34 所示的页面，在该页面中选择数据标注状态为【无标注信息】，导入方式选择【本地导入】并

点击【上传压缩包】，选择 yumaoqiu.zip 压缩包。

选择好压缩包后，点击【确认并返回】按钮，成功上传数据集。

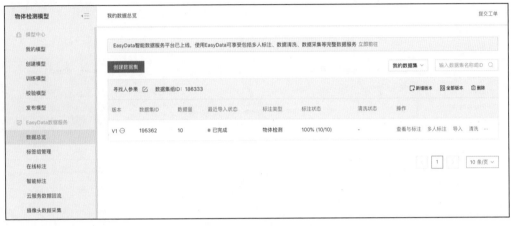

图 3-31　创建数据集

图 3-32　填写数据集名称

83

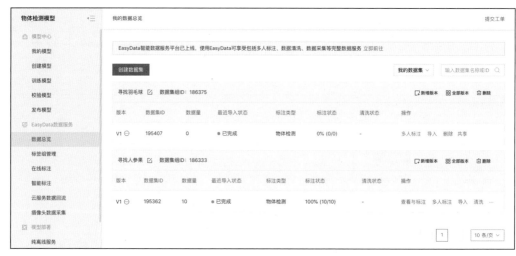

图 3-33　数据集创建结果

图 3-34　上传数据集

（3）查看数据集

上传成功后，可以在【数据总览】页面中看到数据集的信息，如图 3-35 所示。数据集上传后，需要一段处理时间，大约几分钟后就可以看到数据集上传的结果，如图 3-36 所示。

点击【查看与标注】，可以看到数据集的详细情况，如图 3-37 所示。

在物体检测任务中，还需要对数据进行标注，点击【在线标注】，选择【寻找羽毛球】并选择版本为【V1】，如图 3-38 所示。可对每一条数据进行标注，如图 3-39 所示。

图 3-35　数据集展示

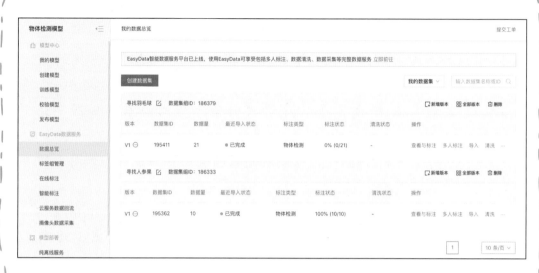

图 3-36　数据集上传结果

图 3-37　数据集详情

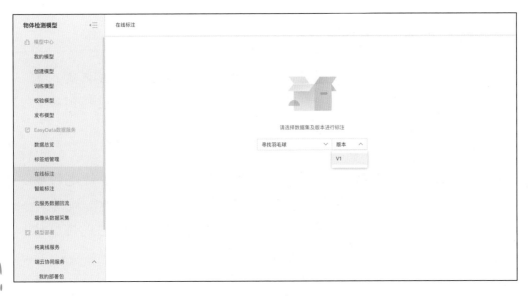

图 3-38　选择数据集及版本

图 3-39　数据标注

第三步 训练模型并校验结果

前两步已经创建好一个物体检测模型，并且创建了数据集。本步骤的主要任务是用上传的数据一键训练模型，并且在模型训练完成后，在线校验模型的效果。

（1）训练模型

数据上传成功后，在【训练模型】中，选择之前创建的物体检测模型，添加分类数据集，开始训练模型。训练时间与数据量有关，在训练过程中，可以设置训练完成的短信提醒并离开页面。如图3-40～图3-43所示。

图3-40　添加数据集

图 3-41　选择数据集

图 3-42　训练模型

图 3-43　模型训练中

（2）查看模型效果

模型训练完成后，在【我的模型】列表中可以看到模型的效果（如图 3-44 所示）以及详细的模型评估报告（如图 3-45 所示）。从模型训练的整体情况可以看出，该模型的训练效果是比较优异的。

图 3-44　模型训练结果

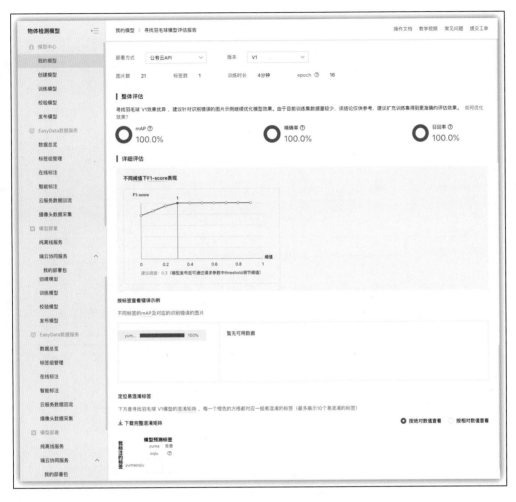

图 3-45　模型整体评估

（3）校验模型

我们可以在【校验模型】中对模型的效果进行校验。

首先，点击【启动模型校验服务】按钮，如图 3-46 所示，大约需要等待 5 分钟。

图 3-46　启动校验服务

然后，准备一条图像数据，点击【点击添加图片】，如图 3-47 所示。

图 3-47　添加图像

最后，使用训练好的模型对上传图像进行预测，如图 3-48 所示，可很快检测出羽毛球的位置。

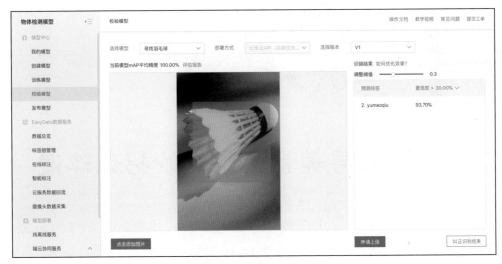

图 3-48　校验结果

最后，八戒成功地帮助沙和尚找到了丢失的羽毛球。沙和尚开开心心地去找师父了。

**家庭作业**

**想一想**：生活中有哪些物体检测的应用场景？

**做一做**：使用物体检测完成螺丝和螺母的识别。

# 八戒一心寻美食，悟空妙招识珍馐

师徒四人在万寿山的五庄观停留了两天，整顿休息好之后继续赶路。这天，他们到达了天竺国，听说这里人杰地灵，盛产美食。

天竺国

八戒来到如此繁华的地方，很是激动，央求唐僧道："师父，咱们好不容易来到一个这么繁华的地方，不如今天好好逛逛，品尝一下美食。"唐僧说道："阿弥陀佛，出家人……"

"好啦，师父，我知道了，咱们就小逛一下，开阔一下眼界也好。"八戒见唐僧要开始说教，连忙打断他。

唐僧无奈，只好答应。

 ## 来自八戒的求助，只想看美食新闻

八戒看唐僧终于松口了，赶紧拿出手机翻看，想找找天竺国有哪些好吃的东西，以及哪些店里的东西最好吃，好抓紧时间去吃。

谁知，八戒打开手机一看，又犯难了。手机上的新闻有各种类别，包括体育新闻、科技新闻、财经新闻、生活新闻等，这些新闻混杂在一起，而且仅今天的新闻就有好几十页。但是八戒只想看美食新闻。

如果这样一条一条地找下去，恐怕还没找到好吃的，师父就要改变主意了，要在师父改变心意之前找到好吃的，赶紧去吃。

八戒又想到了悟空，着急地说道："猴哥，你的火眼金睛能快速帮我找新闻吗？这好像跟之前找图像的问题不太一样。"

悟空笑道："火眼金睛对新闻也是有效的。"

八戒顿时开心起来，说道："真的吗？火眼金睛也可以帮我找出美食新闻吗？"

悟空回答道："是的，这在人工智能中叫作文本分类。我们还是先去百度AI开放平台去体验一下吧，看过之后你就明白了。"

八戒赶忙帮悟空打开了浏览器，输入网址 https://ai.baidu.com/productlist。

悟空会心地笑了。

## AI 在线体验课之文本分类

悟空和八戒进入百度 AI 开放平台的首页，这回悟空点击了"自然语言处理"，选择"语言处理应用技术"进入语言处理应用技术页面，在其中点击"文章分类"。文章分类可对输入的文章内容进行分析，并且输出文章的类别，如娱乐、社会、音乐、人文、科学、历史、军事、体育、科技、教育等。文章分类能够为每一篇文章打上一个类别标签，这样就可以专心看其中一个类型的文章了。

悟空让八戒输入一段文字，然后点击"开始检测"，人工智能立刻给出了分类结果。八戒看到"美食"两个字，开心地跳起来。

八戒又随机选择了一篇文章，屏幕上立刻显示出"财经"。

八戒拉住悟空的手，说道："猴哥，这个文本分类技能正是我现在需要的，你快告诉我怎么用。"

悟空耐不住八戒撒娇，只好答应。

 ## 是不是美食新闻，悟空一看便知

悟空没想到八戒这次竟然还是为了吃来求助自己。不过，既然这是八戒的爱好，悟空想着教他也无妨。

### 八戒的方法

悟空问道："你告诉我，你是怎么找出美食新闻的？"

八戒回答道："这个我还真没有什么好方法，只能一条一条地看，看每条新闻里有没有讲美食，以及在哪里可以吃到美食。

"例如，有一次我去北京，看到一条新闻说：'北京有一道民间自创小吃，比北京城的历史还长，是一种炸货，叫炸饹馇，这炸饹馇分为软炸和脆炸。软炸饹馇的原料是绿豆面或豌豆面。'

"我看到新闻里提到了小吃，还讲了这种小吃的名称、做法以及经常出现的地点，我就知道这是一条美食新闻。于是我按照新闻里说的地址找到了这种小吃，特别好吃。"

说着，八戒抹了抹口水，对美食的回忆让他意犹未尽。

悟空笑了，说道："那你这回怎么不用这种方法去找美食了呢？"

八戒说道："这种方法在这里不适用呀！手机里的新闻太多，上次是偶然看到的。可是这回我都看了好几页，还没看到美食新闻，后面还有几十页，等我看完，恐怕师父又要继续赶路了。"

## 八戒的困惑

八戒有点难过，问道："猴哥，你能用人工智能为这些新闻自动分类吗？就像刚刚你让我体验的文章分类，自动找出哪些是美食新闻，这样我只需要在这些新闻里找好吃的就可以了。"

悟空点点头，说道："可以！"

八戒又补充道："对了，还有一个问题，就是我以前尝试只看标题里有没有食物的名称，但是后来发现就算标题里有美食的名称，内容可能也不是讲美食的，还是要把全文都看完才能确定是不是美食新闻。"

说完，八戒很苦恼地低下头。

悟空笑道："你放心，人工智能会把全文的内容都看一遍，再告诉你是不是美食，绝对不会偷懒的。"

## 悟空的升级版火眼金睛

悟空拿出电脑，在浏览器里输入 https://ai.baidu.com/easydl/。

八戒叫道："EasyDL 平台！"

悟空笑了，说道："认真看我是怎么给你找出美食新闻的，后面我要考你的。"

八戒睁大眼睛看着悟空在电脑上操作。

新闻文本分类

### 第一步　创建模型

这个阶段的主要任务是选择平台类型，确定模型类型，配置模型基本信息（包括名称等），并记录希望模型实现的功能。

1）打开 EasyDL 平台主页，网址为 https://ai.baidu.com/easydl/，如图 4-1 所示。

点击图 4-1 中的【立即使用】按钮，选择模型类型为【文本分类 – 单标签】，如图 4-2 所示。进入后显示图 4-3 所示的操作台页面。

图 4-1　EasyDL 平台主页

2）在图 4-3 所示的操作台页面创建模型。

点击操作台页面中的【创建模型】按钮，显示如图 4-4 所示的页面，任务场景选择【短文本分类任务】，填写模型名称为

"新闻分类"，填写联系方式、功能描述等信息，点击【完成】按钮完成模型的创建。

图 4-2 选择模型类型

图 4-3 操作台页面

图 4-4　创建模型

3）模型创建成功后，可以在【我的模型】中看到刚刚创建的模型"新闻分类"，如图 4-5 所示。

图 4-5　模型列表

**第二步　准备数据**

这个阶段的主要工作是根据文本分类的任务准备相应的数据集，并把数据集上传到平台，用来训练模型。

（1）准备数据集

首先扫描封底二维码下载压缩包，在【第4章－实验1】中找到所需的文本数据。对于新闻文本分类的任务，我们准备了三种类别的新闻标题，分别为美食、科技和教育。比如："什么年龄段学习书法效果最佳？30年书法教龄的书法老师告诉你真相"属于教育新闻的范畴；"最小的笔记本电脑开箱体验，酷睿八代处理器＋固态硬盘"通常是一个科技类新闻的标题；而"江苏扬州五大特色美食名单出炉！这5种美食你吃过吗？"通常是美食类新闻的标题。

将每一条新闻文本数据分别存放在文本文档中。

然后，将准备好的新闻文本数据按照分类存放在不同的文件夹里，文件夹名称即为文本对应的标签（food、education、science）。此处要注意，标签名（即文件夹名称）只能包含字母、数字、下划线，不支持中文命名。

最后，将所有文件夹压缩，命名为 news.zip，压缩包的结构示意图如图4-6所示。

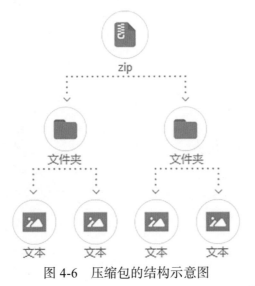

图4-6　压缩包的结构示意图

（2）上传数据集

点击图 4-7 所示的【数据总览】中的【创建数据集】按钮，进入如图 4-8 所示的页面，在该页面中填写数据集名称，进行数据集的创建。点击图 4-9 中的【导入】上传数据集，进入如图 4-10 所示的页面，在该页面中选择数据标注状态为【有标注信息】，导入方式选择【本地导入】，标注格式选择【以文件夹命名分类】，选择 news.zip 压缩包进行上传。

图 4-7　创建数据集

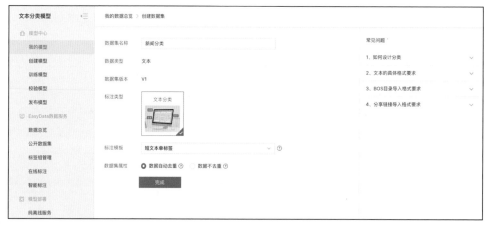

图 4-8　填写数据集名称

图 4-9　数据集创建结果

图 4-10　上传数据集

选择好压缩包后，点击【确认并返回】按钮，成功上传数据集。

（3）查看数据集

上传成功后，可以在【数据总览】中看到数据集的信息，如

图 4-11 所示。数据集上传后，需要一段处理时间，大约几分钟后就可以看到数据集上传的结果，如图 4-12 所示。

点击【查看】，可以看到数据的详细情况，如图 4-13 所示。

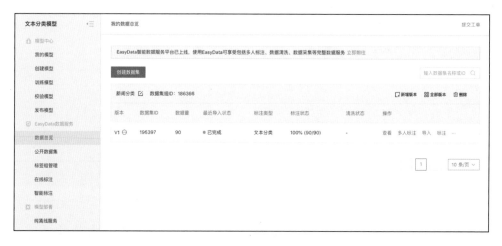

图 4-11　数据集展示

图 4-12　数据集上传结果

| 文本分类模型 | ←☰ | 我的数据总览 > 【文本】新闻分类/V1/查看 | | | | | |
|---|---|---|---|---|---|---|---|
| ☁ 模型中心 | | 全部 (90) | 有标注信息 (90) | 无标注信息 (0) | | 导入文本 | 标注文本 |
| 我的模型 | | 新闻分类V1版本的文本列表 筛选 ∨ | | | | | 回批量删除 |
| 创建模型 | | | | | | | |
| 训练模型 | | 全部标签 (3) | 输入标签名称 🔍 | 序号 | 文本内容摘要 | | 操作 |
| 校验模型 | | | | 1 | 香甜可口的可乐鸡翅，只需五步！扫除你一周的疲惫 | | 查看 删除 |
| 发布模型 | | 标签名称 | 数据量 操作 | | | | |
| ⊟ EasyData数据服务 | | food | ☑ 30 删除 导入 | 2 | 1个月涨粉680万，3小时带货1050万，这些硬核美食博主是如何炼... | | 查看 删除 |
| 数据总览 | | | | 3 | 主打美食测评+vlog，"什么值得吃"带你领略有IP、有情感的美食体验 | | 查看 删除 |
| 公开数据集 | | education | ☑ 30 删除 导入 | | | | |
| 标签组管理 | | science | ☑ 30 删除 导入 | 4 | 听说，这4种蔬菜可能会致癌？别传谣言了，真相都在这里！ | | 查看 删除 |
| 在线标注 | | | | 5 | 春天少吃肉多吃它，我家三天两头做着吃，吃起来比肉香，还不长胖 | | 查看 删除 |
| 智能标注 | | | | 6 | 厦门卤肉饭哪里好吃？厦门卤肉饭店铺攻略！ | | 查看 删除 |
| ☐ 模型部署 | | | | 7 | 美食类视频自媒体的电商化延续，看"小羽私厨"有怎样的涨粉秘诀？ | | 查看 删除 |
| 纯离线服务 | | | | 8 | 只选取黄牛肉的右后腿，"辣吽"要做有成都文化的牛肉品牌 | | 查看 删除 |

图 4-13　数据集详情

第三步　训练模型并校验结果

　　前两步已经创建好一个文本分类模型，并且创建了数据集。本步骤的主要任务是用上传的数据一键训练模型，并且在模型训练完成后，在线校验模型的效果。

（1）训练模型

　　数据上传成功后，在【训练模型】中，选择之前创建的文本分类模型，添加分类数据集，开始训练模型。训练时间与数据量有关，在训练过程中，可以设置训练完成的短信提醒并离开页面。如图 4-14～图 4-17 所示。

图 4-14　添加数据集

图 4-15　选择数据集

图 4-16　训练模型

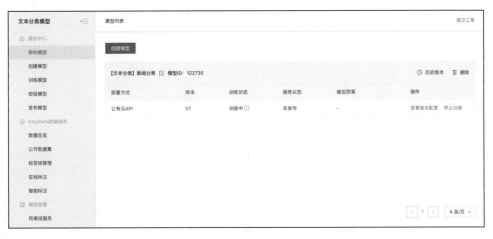

图 4-17　模型训练中

（2）查看模型效果

模型训练完成后，在【我的模型】列表中可以看到模型的效果（如图 4-18 所示）以及详细的模型评估报告（如图 4-19 所

示）。从模型训练的整体情况可以看出，该模型的训练效果是比较优异的。

图 4-18　模型训练结果

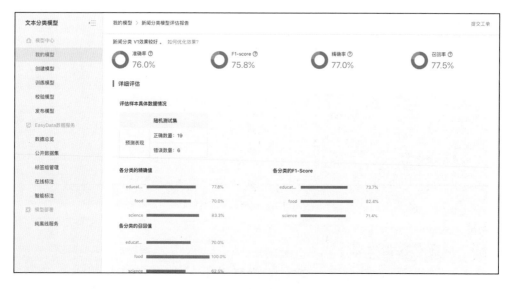

图 4-19　模型整体评估

（3）校验模型

可以在【校验模型】中对模型的效果进行校验。

首先，点击【启动模型校验服务】按钮，如图4-20所示，大约需要等待5分钟。

图 4-20　启动校验服务

然后，准备一条文本数据，添加文本，如图 4-21 所示。

图 4-21　添加文本

最后，使用训练好的模型对上传文本进行预测。如图 4-22 所示，结果显示文本属于美食。

图 4-22　校验结果

这样，悟空帮助八戒找到了所有美食的新闻。

## 火眼金睛是怎么升级的

八戒看到火眼金睛在一秒内就把几十页的新闻都分好类了，简直不敢相信自己的眼睛。他兴奋地问道："猴哥，这是怎么做到的？我以为火眼金睛只对图像有用，没想到在新闻上效果更神奇。"

悟空见八戒如此好学，便开始为他解惑。

新闻是以文本形式呈现的自然语言。和图像不同，除了看到它表面所表现出来的特征，比如新闻标题里美食的名字，还要思考这些语言的含义。尤其是中文的表达方式各种各样，要想真正理解其中的含义，就需要对词、语法和上下文进行充分思考，这就像理解课文的中心思想。人工智能就是通过对词、语法和上下文进行充分的思考后，告诉我们答案的。

八戒似懂非懂地点点头。

 ## 悟空考考你：美食美不美

悟空帮助八戒找出了所有美食新闻，八戒开心地说道："太棒了，我可以去找好吃的了。"

悟空又问道："八戒，你打算怎么去找好吃的？"

八戒回答道："从你给我找出来的这些美食新闻里挑选啊。"

"你想想，还有更快的方法吗？"悟空追问道。

八戒想了一下，说道："按照你教我的方法对这些新闻的评论进行文本分类，就可以很快地找到美食了。"

悟空笑道："你自己说出了我要考你的题目，果然跟随我久了也变聪明了些。"

### 悟空的考题

原来，悟空给八戒准备的考验题目就是对美食评论进行分类，从而判断评论中对美食的评价是好吃还是不好吃。

八戒自信满满地接下了考题，一方面，他想向悟空证明自己真的学会了，另一方面，他想更快地找到好吃的。想到这里，八戒毫不犹豫地说道："猴哥，你就看我的吧，我绝对不会让你失望的。"

### 八戒的升级版"火眼金睛"

八戒打开笔记本电脑，在浏览器中熟练地输入 EasyDL 平台的网址 https://ai.baidu.com/easydl/，开始了他的任务。

# 美食评论分类

第一步 **创建模型**

这个阶段的主要任务是选择平台类型，确定模型类型，配置模型基本信息（包括名称等），并记录希望模型实现的功能。

1）打开 EasyDL 平台主页，网址为 https://ai.baidu.com/easydl/，如图 4-23 所示。

点击图 4-23 所示页面中的【立即使用】按钮，选择模型类型为【文本分类 – 单标签】，如图 4-24 所示，进入如图 4-25 所示的操作台页面。

图 4-23　EasyDL 平台主页

2）在图 4-25 所示的操作台页面创建模型。

点击操作台页面中的【创建模型】按钮，显示如图 4-26 所示

的页面，填写模型名称为"美食评论分类"，模型归属选择"个人"，填写联系方式、功能描述等信息，点击【完成】按钮完成模型的创建。

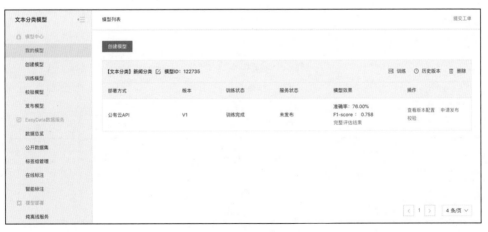

图 4-24　选择模型类型

图 4-25　操作台页面

图 4-26　创建模型

3）模型创建成功后，可以在【我的模型】中看到刚刚创建的模型"美食评论分类"，如图 4-27 所示。

图 4-27　模型列表

第二步　准备数据

这个阶段的主要工作是根据文本分类的任务准备相应的数据集，

并把数据集上传到平台，用来训练模型。

（1）准备数据集

首先扫描封底二维码下载压缩包，在【第4章–实验2】中找到所需的文本数据。对于美食评论分类的任务，我们分别准备了积极（positive）和消极（negative）的美食评论。

比如："味道不错，确实不算太辣，适合不能吃辣的人。就在长江边上，抬头就能看到长江的风景。鸭肠、黄鳝都比较新鲜。"很明显，这是一条积极的美食评论。而"总而言之，是一家不会再去的店"显然是一条消极的美食评论。

将每一条新闻文本数据分别存放在文本文档中。

然后，将准备好的积极和消极的美食评论分别存放在不同的文件夹里，文件夹名称即为文本对应的标签（positive、negative）。此处要注意，标签名（即文件夹名称）只能包含字母、数字、下划线，不支持中文命名。

最后，将所有文件夹压缩，命名为comments.zip，压缩包的结构示意图如图4-28所示。

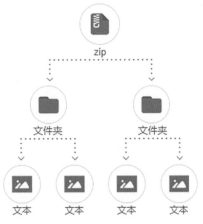

图4-28　压缩包的结构示意图

（2）上传数据集

在图 4-29 中，点击【数据总览】中的【创建数据集】按钮，进入如图 4-30 所示的页面，在该页面中填写数据集名称，进行数据集的创建。点击图 4-31 中的【导入】，显示如图 4-32 所示的页面，选择数据标注状态为【有标注信息】，导入方式选择【本地导入】，点击【上传压缩包】，选择 comments.zip 压缩包。

选择好压缩包后，点击【确认并返回】按钮，成功上传数据集。

（3）查看数据集

上传成功后，可以在【数据总览】中看到数据集的信息，如图 4-33 所示。数据集上传后，需要一段处理时间，大约几分钟后就可以看到数据集上传的结果，如图 4-34 所示。

图 4-29　创建数据集

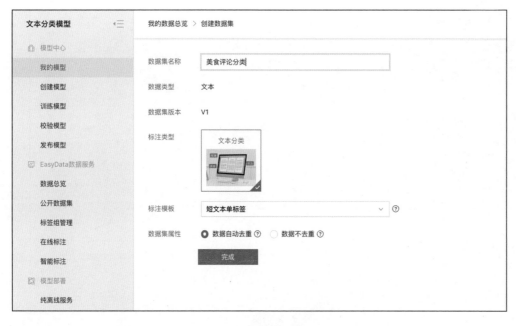

图 4-30　填写数据集名称

图 4-31　数据集创建结果

图 4-32　上传数据集

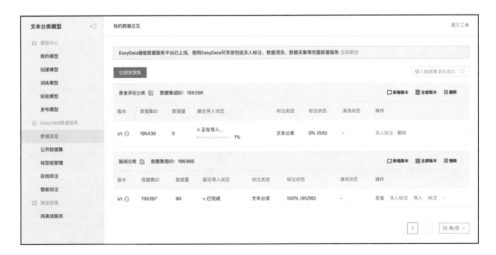

图 4-33　数据集展示

| 文本分类模型 | ⇤ | 我的数据总览 | | | | | | | | 提交工单 |
|---|---|---|---|---|---|---|---|---|---|---|

EasyData智能数据服务平台已上线，使用EasyData可享受包括多人标注、数据清洗、数据采集等完整数据服务 立即前往

**创建数据集**

美食评论分类 ✎ ┃ 数据集组ID: 186396

| 版本 | 数据集ID | 数据量 | 最近导入状态 | 标注类型 | 标注状态 | 清洗状态 | 操作 |
|---|---|---|---|---|---|---|---|
| V1 ⊖ | 195430 | 1431 | ● 已完成 | 文本分类 | 100% (1431/1431) | - | 查看 多人标注 导入 标注 … |

新闻分类 ✎ ┃ 数据集组ID: 186366

| 版本 | 数据集ID | 数据量 | 最近导入状态 | 标注类型 | 标注状态 | 清洗状态 | 操作 |
|---|---|---|---|---|---|---|---|
| V1 ⊖ | 195397 | 90 | ● 已完成 | 文本分类 | 100% (90/90) | - | 查看 多人标注 导入 标注 … |

图 4-34　数据集上传结果

点击【查看】，可以看到数据的详细情况，如图 4-35 所示。

| 文本分类模型 | ⇤ | 我的数据总览 ＞ 【文本】美食评论分类/V1/查看 |
|---|---|---|

全部 (1431)　　有标注信息 (1431)　　无标注信息 (0)　　　　　　　　　　导入文本　标注文本

美食评论分类V1版本的文本列表　筛选 ⌄　　　　　　　　　　　　　　回批量删除

| 全部标签 (2) | 输入标签名称 | | 序号 | 文本内容摘要 | 操作 |
|---|---|---|---|---|---|
| 标签名称 | 数据量 | 操作 | 1 | 差评，两个半小时才送到！ | 查看 删除 |
| negative | ✎ 433 | 删除 导入 | 2 | 本来满怀期待地等到1点多，结果不送上来，1点多应该过高峰了啊？ … | 查看 删除 |
| positive | ✎ 998 | 删除 导入 | 3 | 速度挺快，但是味道不咋地，东西不太干净，吃得我肠炎，拉肚子都… | 查看 删除 |
| | | | 4 | 感觉味道一般，不是很好吃…鸡肉很老…等了两个多小时，餐才送到… | 查看 删除 |
| | | | 5 | 千万不要买，不好吃而且服务太差，送餐速度三小时，最失败的一次… | 查看 删除 |
| | | | 6 | 下楼自己取，每次都是自己去拿，我要是有那时间就不叫外卖了 | 查看 删除 |
| | | | 7 | 卷饼味道一般，粥难吃 | 查看 删除 |
| | | | 8 | 点的肘子卷送的土豆卷，打电话说再送过来也没送。 | 查看 删除 |

图 4-35　数据集详情

## 第三步 训练模型并校验结果

前两步已经创建好一个文本分类模型，并且创建了数据集。本步骤的主要任务是用上传的数据一键训练模型，并且在模型训练完成后，在线校验模型的效果。

（1）训练模型

数据上传成功后，在【训练模型】中，选择之前创建的文本分类模型，添加分类数据集，开始训练模型。训练时间与数据量有关，在训练过程中，可以设置训练完成的短信提醒并离开页面。如图 4-36～图 4-39 所示。

图 4-36　添加数据集

图 4-37　选择数据集

图 4-38　训练模型

图 4-39　模型训练中

（2）查看模型效果

模型训练完成后，在【我的模型】列表中可以看到模型效
果（如图 4-40 所示）以及详细的模型评估报告（如图 4-41 所
示）。从模型训练的整体情况可以看出，该模型的训练效果是
比较优异的。

图 4-40　模型训练结果

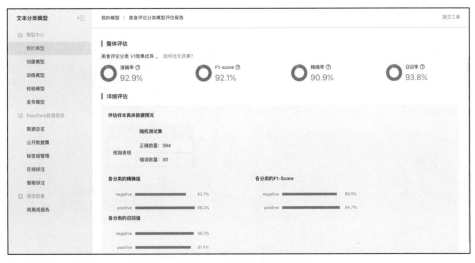

图 4-41　模型整体评估

（3）校验模型

可以在【校验模型】中对模型的效果进行校验。

首先，点击【启动模型校验服务】按钮，如图 4-42 所示，大约需要等待 5 分钟。

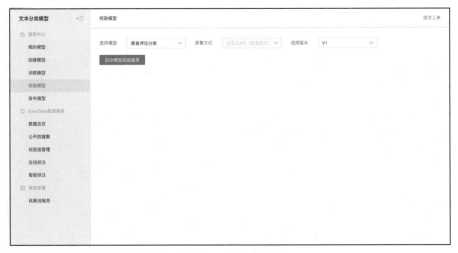

图 4-42　启动校验服务

然后，准备一条文本数据，添加文本，如图 4-43 所示。

图 4-43　添加文本

最后，使用训练好的模型对上传文本进行预测。如图 4-44 所示，结果显示文本属于正向评价。

图 4-44　校验结果

就这样，八戒很快找到了评论好吃的美食新闻。他跑到唐僧面前，说道："师父，我知道这里有一家很好吃的素菜馆，咱们一起去品尝吧。"

唐僧奇怪地问道："你以前到过这里吗？怎么对此地的美食如此了解？"

八戒开心地笑起来，说道："因为我有法宝，走吧！师父。"

于是，八戒带着师父、师兄和师弟奔向好吃的美食店了。

**家庭作业**

**想一想**：生活中有哪些文本分类的应用场景？

**做一做**：利用文本分类技术判断说话人的情绪。

# 第5章

## 顺风灵耳判妖怪，八戒巧学辨警报

这天，师徒四人途经一座遮天蔽日的高山。悟空一个跟斗翻到天上，四周扫视一圈后回到原地，对唐僧说道："师父，我们到号山了"。唐僧疑惑道："号山？"悟空回答道："是的，师父，前方是枯松涧，崇山峻岭处常有妖怪出没，咱们抓紧赶路尽快走出此地吧！"唐僧点头应允。

突然，唐僧听到树林中有小孩喊救命，悟空却说这是妖怪的声音。唐僧执意要过去看看，悟空争不过，只好答应。他们循声走过去，发现真的有个小孩被绑在树上，唐僧说道："悟空，你看这哪里是妖怪，明明是个孩童。"

悟空着急地说道："他不是人，是妖怪变的，这声音可骗不过俺老孙。"

八戒也说："猴哥，这明明是个小孩，你偏说他是妖怪，我看是你的火眼金睛出问题了吧。"说完哈哈大笑。

一向不爱说话的沙和尚也来凑热闹，说道："大师兄，我也看着这是个普通的孩子呀！"

悟空很生气，拿出金箍棒，作势朝着那孩子打过去，口中喊道："妖怪！快现出原形。"

唐僧见状，立刻念起了紧箍咒，悟空顿时疼得在地上打滚。这时，那小孩突然变成了一个通红的火球，卷着唐僧就不见了，八戒和沙和尚都傻了眼。

 **来自八戒的求助，什么妖怪在叫**

　　唐僧被妖怪抓走后，八戒和沙和尚都懊恼不已，后悔没有听信大师兄的话。可是现在后悔也晚了，师兄弟三人开始思考如何救回师父。悟空说道："沙师弟去请观音菩萨，我和八戒先去找找妖怪的藏身之地，然后等菩萨前来收服妖怪。"沙和尚匆匆离开，去请观音菩萨。八戒和悟空则分头在山里寻找妖怪藏身的洞穴。

　　八戒正在走着，突然听到有人喊他："八戒。"回头一看，竟然是观音菩萨。八戒好奇地问："观音菩萨，您怎么在这？我沙师弟呢？"观音菩萨回答道："我恰巧途经此地，你是要找你师父吗？"八戒点点头。菩萨指着一处洞穴说道："你师父被红孩儿抓走了，我已经将他救下，安置在这洞中，你进去找他吧。"八戒正要开心地进去，悟空从远处跑来，大声喝道："八戒莫信，他是妖怪。"

　　说时迟那时快，观音菩萨突然变成一团红光不见了。

　　悟空着急地说："你差点上了那妖怪的当，那山洞里肯定早有埋伏，此时正等着抓你。"

　　八戒后怕地说道："可是我看那个人就是观音菩萨呀。"

　　悟空摇摇头，说："你不能只靠眼睛分辨妖怪，还要仔细辨别他的声音，那明明是妖怪的声音。"

　　八戒百思不得其解，说道："猴哥，我知道你有顺风灵耳，可以听出妖怪的声音，但是我真的听不出来，你能教我一下吗？不然，我怕还没找到师父，自己先被妖怪抓走了。"

悟空说道："每种妖怪的声色各异，出声的形式各不相同，有的妖怪还会变声模仿。你要仔细辨别才能知道是何种声音。我当年在菩提祖师那里练就了顺风灵耳，能够对声音进行分类。"

八戒疑惑道："声音分类？"

悟空继续说道："对，声音分类就是根据声音去判断发声者是谁。为了让你能够尽快了解声音分类，我还是先带你去百度 AI 开放平台瞧一瞧吧。"

说着，悟空打开笔记本电脑，在浏览器中输入 https://ai.baidu.com/。

## AI 在线体验之声音分类

悟空和八戒进入百度 AI 开放平台的首页，悟空将鼠标置于"开放能力"并选择"语音识别"，进入语音识别界面。

百度的语音识别支持普通话和略带口音的中文识别，支持粤语、四川话等方言识别，还支持英文识别。

八戒看完之后，还是有点不理解，说道："猴哥，我大概知道语音就是我们说话的声音，但你是怎么分辨声音的呢？我还是不懂。"

悟空安慰道："声音比前面的图像和文本要复杂，你不要急，我慢慢讲给你听。"

八戒使劲点点头。

 ## 悟空听声就能辨别妖怪

悟空见八戒的神情变得严肃，知道他也着急找师父，于是说话语气也缓和下来，轻声问道："八戒，你先说说你是怎么根据声音分辨妖怪的？"

八戒难过地说道："我对声音不太敏感，一般都是根据生活经验进行分辨。"

### 八戒的方法

八戒开始向悟空讲述他的生活经验。每种妖怪的声音各异，出声的形式各不相同。有的唱歌，有的说话，有的身后还跟着一堆小妖怪吵吵闹闹，有的妖怪所处的环境很嘈杂，有的妖怪还会变声模仿。

也就是说，八戒一般是从声音的来源、声音的内容、发声的环境、声音的悦耳程度这几个角度来判断是不是妖怪。但是，根据这些声音特点来辨别妖怪有时容易，有时困难。例如，一个妖怪与一群妖怪发出的声音会有区别。当一

群妖怪同时嚷嚷时，一般表现为嘈杂音，还需要从其中分辨主要的发声来源。如果只有一个妖怪喊叫，只需辨别这一种声音的来源即可。确定了发声来源后，就要仔细辨别声音的内容。有时还需要翻译一下外语内容。

除了说话内容之外，还要思考是从哪里发出的声音。打了这么多妖怪，总结来看，妖怪藏身之处主要是在山洞里、水底下；妖怪出没时，会飞的妖怪在天上，不会飞的妖怪在荒郊野外。还有一些自带背景音乐的妖怪，如弹琵琶的、跳舞的、唱歌的，这类妖怪的声音一般都有旋律且悦耳动听，八戒就得再判断是哪种乐器、哪种节奏。

## 八戒的困惑

悟空听八戒说完，点点头说道："你说的都有道理，可是你已经被这山里的妖怪欺骗了两次，你发现问题所在了吗？"

八戒挠挠头，说道："猴哥，这个小妖怪太狡猾了，会模仿人的声音，真是防不胜防呀！我老猪使出绝招，竟没能听出这假观音的声音有啥不对。"

悟空安慰道："这些妖怪很狡猾，会模仿别人的声音，要想练得真正的辨声本领，还需学习如何分辨真假声音。"

悟空继续向八戒传授辨声的方法："八戒，其实每种声音都有自己独特的音色，模仿得再像都会与原声有所差别，我们需要仔细辨认其特征。"

根据八戒的方法，可以先将声音分为噪声、纯语音、带背景音的语音和音乐4类，然后归纳出每一类声音的规律和特点。实际上，借助人工智能技术，可以从声音的不同层面分析不同音频的区别性特点。

八戒突然想到悟空的顺风灵耳，急切地问道："猴哥，那你能不能给我演示一下你的顺风灵耳是怎么实现声音分类的？"

悟空点点头，说道："当然可以啦。"

## 悟空的顺风灵耳

悟空和八戒来到 EasyDL 平台。

悟空说道："妖怪一般都是由各种动物修炼成人形的，但是他们的声音还保留着原本的特点。今天，我给你演示一下如何区分不同动物的声音，学会给动物声音分类技能。你再遇到妖怪，就可以仔细辨别一下他的声音，从而判断这个妖怪是哪个动物变的。"

八戒点点头，认真地看着悟空操作。

## 动物声音分类

**第一步** **创建模型**

这个阶段的主要任务是选择平台类型，确定模型类型，配置模型基本信息（包括名称等），并记录希望模型实现的功能。

1）打开 EasyDL 平台主页，网址为 https://ai.baidu.com/easydl/，如图 5-1 所示。

点击如图 5-1 所示的【立即使用】按钮，显示如图 5-2 所示的【选择模型类型】选择框。模型类型选择"声音分类"，显示如图 5-3 所示的操作台页面。

图 5-1  EasyDL 平台主页

图 5-2  选择模型类型

2）在图 5-3 所示的操作台页面中创建模型。

点击操作台页面中的【创建模型】按钮，显示如图 5-4 所示

的页面，在该页面中填写模型名称"动物声音分类"，模型归属选择"个人"，填写联系方式、功能描述等信息，点击【完成】按钮，完成模型的创建。

图 5-3　操作台页面

图 5-4　创建模型

3）模型创建成功后，可以在【我的模型】中看到刚刚创建的模
型"动物声音分类"，如图 5-5 所示。

图 5-5　模型列表

## 第二步　准备数据

　　这个阶段的主要工作是根据声音分类的任务准备相应的数据集，
并把数据集上传到平台，用来训练模型。

（1）准备数据集

　　首先扫描封底二维码下载压缩包，在【第 5 章－实验 1】中找
到训练模型所需的声音数据。对于动物声音分类任务，我们
准备了四种动物的叫声，分别为猫叫声、狗叫声、猪叫声和
牛叫声。

　　然后，需要将准备好的声音数据按照分类存放在不同的文件
夹里，文件夹名称即为声音对应的类别标签（cat、dog、pig、
cow）。此处要注意，声音类别名（即文件夹名称）只能包含
字母、数字、下划线，不支持中文命名。

最后，将所有文件夹压缩，命名为 sound.zip，压缩包的结构
示意图如图 5-6 所示。

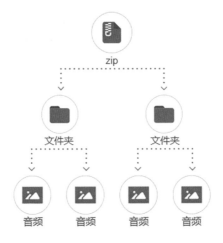

图 5-6　压缩包的结构示意图

（2）上传数据集

选择图 5-7 所示的【EasyData 数据服务】下的【数据总
览】，点击【创建数据集】按钮，进入如图 5-8 所示的页面，
在该页面中填写数据集名称，完成数据集的创建。可在如
图 5-9 所示的页面中，查看创建结果。点击【导入】按钮，
进入如图 5-10 所示的页面，选择数据标注状态为"有标注信
息"，导入方式为"本地导入"，标注格式为"以文件夹命名
分类"，点击【上传压缩包】按钮，选择 sound.zip 压缩包进
行上传。可以在如图 5-10 所示的页面中查看压缩包数据格式
要求。

选择好压缩包后，点击【确认并返回】按钮，成功上传数
据集。

图 5-7　创建数据集

图 5-8　填写数据集名称

（3）查看数据集

上传成功后，可以在【数据总览】中看到数据的信息，如图 5-11 所示。数据集上传后，需要一段处理时间，大约几分

钟后就可以看到数据集上传的结果，如图 5-12 所示。

点击【查看】，可以看到数据集的详细情况，如图 5-13 所示。

图 5-9　数据集创建结果

图 5-10　上传压缩包

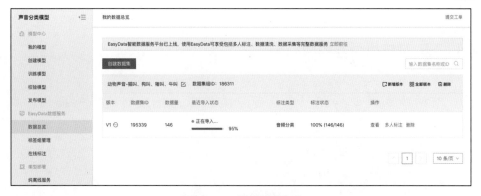

图 5-11 数据集展示

图 5-12 数据集上传结果

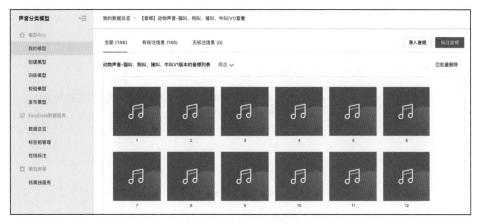

图 5-13 数据集详情

**第三步** **训练模型并校验结果**

前两步已经创建好一个声音分类模型，并且创建了数据集。本步骤的主要任务是用上传的数据一键训练模型，并且在模型训练完成后，在线校验模型的效果。

（1）训练模型

数据上传成功后，在【训练模型】中，选择之前创建的动物声音分类模型，添加分类数据集，开始训练模型。训练时间与数据量有关，在训练过程中，可以设置训练完成的短信提醒并离开页面。如图 5-14～图 5-17 所示。

图 5-14　添加训练数据

图 5-15　选择数据集

图 5-16　训练模型

图 5-17　模型训练中

（2）查看模型效果

模型训练完成后，在【我的模型】列表中可以看到模型的效果（如图 5-18 所示）以及详细的模型评估报告（如图 5-19 所示）。从模型训练的整体情况可以看出，该模型的训练效果是比较优异的。

图 5-18　模型训练结果

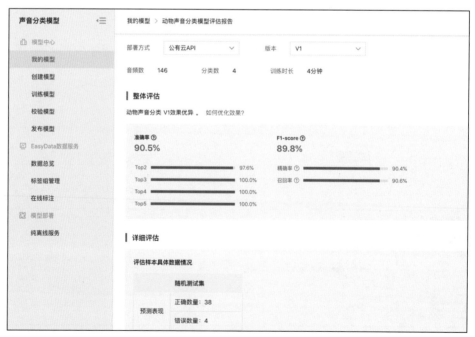

图 5-19　模型整体评估

（3）校验模型

我们可以在【校验模型】中对模型的效果进行校验。

首先，点击【启动模型校验服务】按钮，如图 5-20 所示，大约需要等待 5 分钟。

图 5-20　启动校验服务

然后，准备一条声音数据，点击【点击添加音频】，如图 5-21 所示。

图 5-21　添加音频

最后，使用训练好的模型对上传音频进行预测，如图 5-22 所示，结果显示音频属于猫叫声的概率是 93.80%。

图 5-22　校验结果

就这样，悟空给八戒演示了如何使用顺风灵耳进行动物声音分类。八戒看得津津有味，说道："猴哥，这也太神奇了，你的顺风灵耳是如何炼成的？"

## 顺风灵耳是如何炼成的

声音实际上是一种波，波形上的每一个点都被存储在 mp3、wav、m4a 等格式的音频文件中。要对声音进行分类，首先需要对声音的波形进行分帧，也

就是将一个声音波形切成一小段一小段的，每小段称为一个帧，帧与帧之间是有重叠的。

人工智能针对每一帧提取其声学特征，如音色、音调等，并将它们转换成计算机可以识别的数字信号；然后构建一个声音分类模型，不断对不同声音数据的声学特征进行学习、记忆和理解，让模型像人脑一样变得越来越聪明。这样，在遇到新声音的时候，人工智能基于已有的知识就能迅速地对该声音进行分类和识别了。

 **悟空考考你：识别警报器**

八戒听完恍然大悟，说道："我懂了，猴哥。也就是说，声音像图像一样传入人脑中，我们的大脑对声音进行辨别，而人工智能就是模仿人脑去分析声音的信号，对吗？"

悟空点点头，说道："你这句话说得倒是准确。不过，我还是要出道题考考你。"

### 悟空的考题

悟空要出题考考八戒，看他是不是真的掌握了声音分类的技能。森林里有很多类型的警报器，如 110 警报器、120 警报器。当触发某一种警报后，就会通知相应的人员和组织，比如 110 警报应该通知警察，120 警报应该通知医院。

如何自动分辨是何种警报器的声音，并自动通知相应人员呢？

八戒听后，拍着胸脯说道："这个很简单，只要我能区分出警报的类别就可以了。"

### 八戒的"顺风灵耳"

八戒来到 EasyDL 平台，自信地说道："看我老猪来分辨警报。"

## 识别警报器

第一步 创建模型

这个阶段的主要任务是选择平台类型，确定模型类型，配置模型的基本信息（包括名称等），并记录希望模型实现的功能。

1）打开 EasyDL 平台主页，网址为 https://ai.baidu.com/easydl/，如图 5-23 所示。

点击图 5-23 中的【立即使用】按钮，显示如图 5-24 所示的【选择模型类型】选择框。模型类型选择"声音分类"，显示图 5-25 所示的操作台页面。

图 5-23　EasyDL 平台主页

图 5-24　选择模型类型

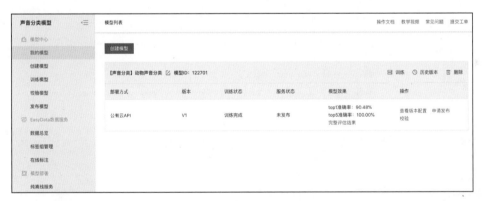

图 5-25　操作台页面

2）在图 5-25 所示的操作台页面中创建模型。

点击操作台页面中的【创建模型】按钮，显示如图 5-26 所示的页面，在该页面中填写模型名称为"识别警报器"，模型归属选择"个人"，填写联系方式、功能描述等信息，点击【完成】按钮，完成模型的创建。

图 5-26　创建模型

3）模型创建成功后，可以在【我的模型】中看到刚刚创建的模型"识别警报器"，如图 5-27 所示。

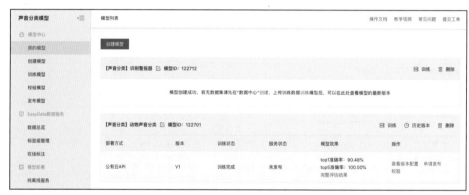

图 5-27　模型列表

第二步　**准备数据**

这个阶段的主要工作是根据声音分类的任务准备相应的数据集，并把数据集上传到平台，用来训练模型。

（1）准备数据集

首先扫描封底二维码下载压缩包，在【第 5 章 – 实验 2】中找到训练模型所需的声音数据。对于识别警报器任务，我们准备了两种类型的警报声音，分别为 110 和 120。

然后，需要将准备好的声音数据按照分类存放在不同的文件夹里，文件夹名称即为声音对应的类别标签（110、120）。此处要注意，声音类别名（即文件夹名称）只能包含字母、数字、下划线，不支持中文命名。

最后，将所有文件夹压缩，命名为 jingbao.zip，压缩包的结构示意图如图 5-28 所示。

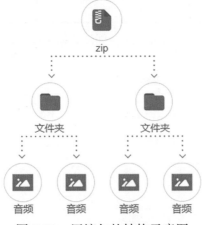

图 5-28　压缩包的结构示意图

（2）上传数据集

选择图 5-29 中所示的【EasyData 数据服务】下的【数据总览】，点击【创建数据集】按钮，进入如图 5-30 所示的页面，在该页面中填写数据集名称，完成数据集的创建。可在如图 5-31 所示的页面中，查看创建结果。点击【导入】按钮，进入如图 5-32 所示的页面，选择数据标注状态为"有标注信息"、导入方式为"本地导入"、标注格式为"以文件夹命名分类"，点击【上传压缩包】按钮，选择 jingbao.zip 压缩包进行上传。可以在如图 5-32 所示的页面中查看压缩包数据格式要求。

选择好压缩包后，点击【确认并返回】按钮，成功上传数据集。

图 5-29　创建数据集

图 5-30　填写数据集名称

图 5-31　数据集创建结果

| 声音分类模型 | | 我的数据总览 > 识别警报器/V1/导入 | | |
|---|---|---|---|---|
| 模型中心 | | 数据集ID | 195343 | 版本号 | V1 |
| **我的模型** | | 备注 | | | |
| 创建模型 | | **| 标注信息** ∨ | | | |
| 训练模型 | | 标注类型 | 音频分类 | 标注模板 | 短音频单标签 |
| 校验模型 | | 数据总量 | 0 | 已标注 | 0 |
| 发布模型 | | 标签个数 | 0 | 目标数 | 0 |
| EasyData数据服务 | | 待确认 | 0 | 大小 | 0M |
| 数据总览 | | **| 数据清洗** | | | |
| 标签组管理 | | 暂未做过数据清洗任务 | | | |
| 在线标注 | | **| 导入数据** | | | |
| 模型部署 | | 数据标注状态 | ○ 无标注信息 ● 有标注信息 | | |
| 纯离线服务 | | 导入方式 | 本地导入 ∨ 上传压缩包 ∨ | | |
|  | | 标注格式 | ● 以文件夹命名分类 ⑦ ○ json（平台通用）⑦ | | |
|  | | 上传压缩包 | ⬆ 上传压缩包 已上传1个文件 | | |
|  | | | ⌀ jingbao.zip × | | |
|  | | | 确认并返回 | | |

图 5-32　上传压缩包

（3）查看数据集

上传成功后，可以在【数据总览】页面中看到数据集的信息，如图 5-33 所示。数据集上传后，需要一段处理时间，大约几分钟后就可以看到数据集上传的结果，如图 5-34 所示。

点击【查看】，可以看到数据的详细情况，如图 5-35 所示。

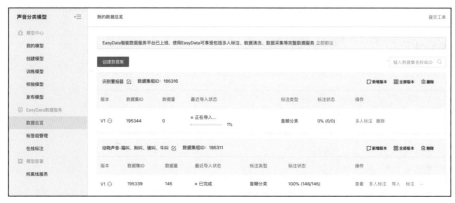

图 5-33　数据集展示

图 5-34　数据上传结果

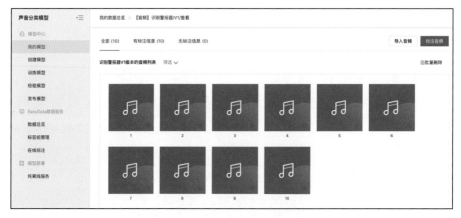

图 5-35　数据集详情

154

第三步 训练模型并校验结果

前两步已经创建好一个声音分类模型，并且创建了数据集。本步骤的主要任务是用上传的数据一键训练模型，并且在模型训练完成后，在线校验模型的效果。

（1）训练模型

数据上传成功后，在【训练模型】中，选择之前创建的识别警报器模型，添加分类数据集，开始训练模型。训练时间与数据量有关，在训练过程中，可以设置训练完成的短信提醒并离开页面。如图 5-36 ～图 5-39 所示。

图 5-36 添加训练数据

图 5-37　选择数据集

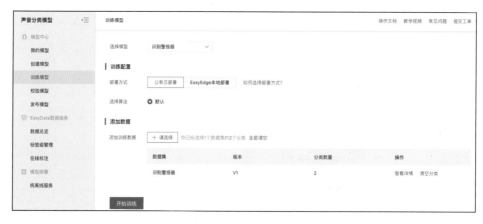

图 5-38　训练模型

（2）查看模型效果

模型训练完成后，在【我的模型】列表中可以看到模型效果，如图 5-40 所示；点击【完整评估结果】，可以查看详细的模型评估报告，如图 5-41 所示。从模型训练的整体情况可以看出，该模型的训练效果是比较优异的。

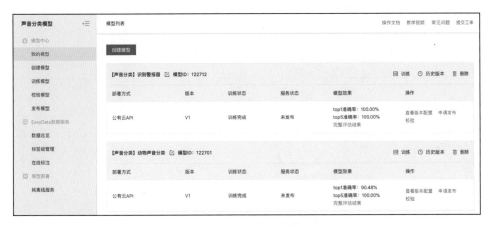

图 5-39 模型训练中

图 5-40 模型训练结果

（3）校验模型

我们可以在【校验模型】中对模型的效果进行校验。

首先，点击【启动模型校验服务】按钮，如图 5-42 所示，大约需要等待 5 分钟。

然后，准备一条声音数据，点击【点击添加音频】，如图 5-43所示。

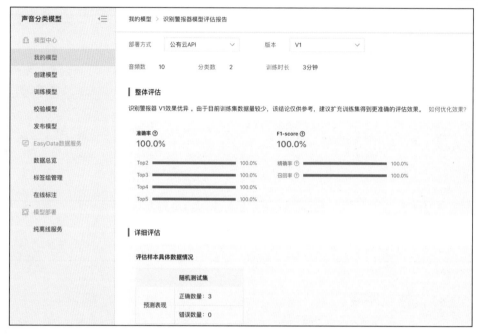

图 5-41　模型整体评估

图 5-42　启动校验服务

　　最后，使用训练好的模型对上传音频进行预测，如图 5-44 所示，结果显示音频属于 110 警报的概率是 97.76%。

图 5-43  添加音频

图 5-44  校验结果

最后，八戒成功识别出警报器的类型，通过了悟空的考验。

**家庭作业**

**想一想**：生活中有哪些声音分类的应用场景？

**做一做**：使用声音分类技术识别小猫、小狗的声音。

# 第6章

# 巧排蟠桃宴节目，智管花果山村民

师徒四人历经寒暑，途中遇到各路妖魔鬼怪，终于到达了西天。唐僧向佛祖说明来意，佛祖点点头，说道："你可以取得真经，不过还需要经历一个考验。"唐僧不解。佛祖说道："玉帝多次请我去给天庭的蟠桃宴做策划，我实在没有时间，你们去天庭替我完成任务，回来即可取得真经。"唐僧答应后，带着徒弟们来到天庭。

原来，玉帝提前录制好了节目，准备在蟠桃宴上播放。可是节目视频混在一起了，玉帝想对节目进行分类，把相同类型的节目放在一起播放。唐僧了解了任务后，对徒弟们说道："这件事情需要和玉帝沟通，悟空，你曾经和玉帝发生过冲突，不便出面，这件事就交给八戒吧，你在背后帮他。"

悟空答应下来，八戒很开心，心想又能和猴哥学技能了。

## 来自八戒的求助，视频中是什么节目

八戒找玉帝沟通任务的细节，回来后便垂头丧气。

悟空见他无精打采，问道："八戒，你怎么了？接到任务了吗？我们要做什么呢？"

八戒说道："玉帝给了我很多视频，是不同神仙录制的不同节目，要在蟠桃宴上播放。但是这些视频没有提前做好记录，王母娘娘要求按照节目类型进行播放。玉帝不知道该怎么办，把这个任务交给了我。可是，我也不知道该怎么办。"

悟空说道："这有何难，不就是视频分类嘛。"

八戒不解道："视频分类是何物？"

悟空回答道："视频分类就是基于对视频语音及图像的综合分析，理解视频内容后形成分类标签。"

### AI 在线体验课之视频分类

悟空和八戒进入百度 AI 开放平台（网址为 https://ai.baidu.com/）的首页，悟空将鼠标置于"开放能力"并点击"视频技术"，选择"视频内容分析"进入视频内容分析界面。

如下所示，输入一段视频，人工智能可以自动识别出场景是科技领域的内容，还可以输出一些类别（在人工智能中叫作标签，即 TAG），例如科技、身份验证、金融、安全、文字识别、人脸识别等。

 # 悟空看视频就能知道节目类型

悟空见八戒看得入神，十分欣慰，说道："看你对视频分类如此感兴趣，那我就将超级版火眼金睛传授于你吧！不过，你要先回答我一个问题。"

## 八戒的方法

八戒说道："猴哥，对于视频，我是真的没有什么好办法，只能一个一个地播放视频，看完后我就知道视频属于哪一类了。"

悟空问道："那你说说怎么判断一个视频是什么类型的节目。"

八戒回答道："我就是打开视频，看看视频中有哪些人物，如果是仙女，那很可能是舞蹈类节目；如果是武将，则大概率是赛车类节目。"

悟空轻轻摇了摇头，问道："武将不会出现在跳舞节目的背景里吗？同理，如果仙女只是出现在赛车开场的位置呢？"

八戒愣住了，说道："那我把视频全部看完，就知道这个视频到底是什么类型的节目了。"

"不过，要把所有视频看完需要很长时间，我的眼睛都累死了！"

## 八戒的困惑

八戒问道："一个一个地看视频太慢了，有没有办法能快速识别出一个视频是什么类型的节目呢？"

悟空说道："当然有啦。"

快速识别视频节目类型的前提是要有一个好记性，这就是计算机的存储能力。需要存储的不仅仅是视频里人物本身，还有人物的所有相关画面。因此，还要有强大的计算能力。"八戒挠头："猴哥，我又糊涂了，计算能力是啥？"大圣回答："计算能力就是你在看视频时候，大脑需要从不同的角度去提取每一个画面的特点呀！"

悟空和八戒来到 EasyDL 平台，开始识别视频的类型。

## 看视频识别节目类型

**第一步** **创建模型**

这个阶段的主要任务是选择平台类型，确定模型类型，配置模型基本信息（包括名称等），并记录希望模型实现的功能。

1）打开 EasyDL 平台主页，网址为 https://ai.baidu.com/easydl/，如图 6-1 所示。

点击图 6-1 中的【立即使用】按钮，显示如图 6-2 所示的【选择模型类型】选择框。模型类型选择"视频分类"，显示如图 6-3 所示的操作台页面。

图 6-1　EasyDL 平台主页

图 6-2 选择模型类型

图 6-3 操作台页面

2）在图 6-3 所示的操作台页面中创建模型。

点击操作台页面中的【创建模型】按钮，显示如图 6-4 所示的页面，在该页面中填写模型名称为"看视频识别节目类型"，模型归属选择"个人"，填写联系方式、功能描述等信息，点击【完成】按钮，完成模型的创建。

图 6-4  创建模型

3）模型创建成功后，可以在【我的模型】中看到刚刚创建的模型"看视频识别节目类型"，如图 6-5 所示。

图 6-5  模型列表

**第二步  准备数据**

这个阶段的主要工作是根据视频分类的任务准备相应的数据集，并把数据集上传到平台，用来训练模型。

（1）准备数据集

首先扫描封底二维码下载压缩包，在【第6章－实验1】中找
到训练模型所需的视频数据。对于视频分类任务，我们准备
了两种类型的视频：跳舞、赛车。

然后，将准备好的视频数据按照分类存放在不同的文件夹里，
文件夹名称即为视频对应的标签（dance、driving）。此处要注
意，视频类别名（即文件夹名称）只能包含字母、数字、下划
线，不支持中文命名。

最后，将所有文件夹压缩，命名为 jiemu_video.zip，压缩包
的结构示意图如图6-6所示。

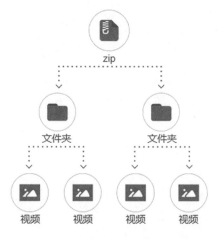

图 6-6　压缩包的结构示意图

（2）上传数据集

选择图6-7所示的【EasyData 数据服务】下的【数据总览】，
点击【创建数据集】按钮，进入如图6-8所示的页面，在该
页面中填写数据集名称，完成数据集的创建。可在如图6-9
所示的页面中查看创建结果。点击【导入】按钮，进入如

图 6-10 所示的页面，选择数据标注状态为"有标注信息"，导入方式选择"本地导入"，标注格式选择"以文件夹命名分类"，点击【上传压缩包】按钮，选择 jiemu_video.zip 压缩包进行上传。可以在如图 6-10 所示的页面中查看压缩包的数据格式要求。

选择好压缩包后，点击【确认并返回】按钮，成功上传数据集。

图 6-7　创建数据集

图 6-8　填写数据集名称

图 6-9　数据集创建结果

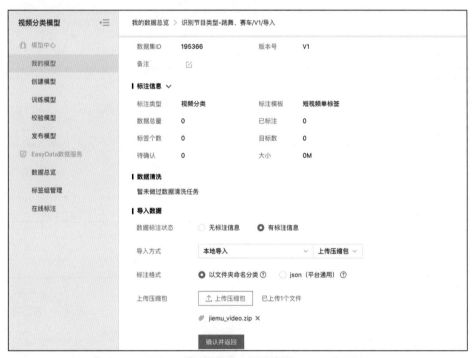

图 6-10　上传数据集

（3）查看数据集

上传成功后，可以在【数据总览】页面中看到数据集的信息，如图 6-11 所示。数据集上传后，需要一段处理时间，大约几分钟后就可以看到数据集上传结果，如图 6-12 所示。

点击【查看】，可以看到数据的详细情况，如图 6-13 所示。

图 6-11　数据集展示

图 6-12　数据上传结果

图 6-13　数据集详情

## 第三步 训练模型并校验结果

前两步已经创建好了一个视频分类模型，并且创建了数据集。本步骤的主要任务是用上传的数据一键训练模型，并且在模型训练完成后，在线校验模型的效果。

（1）训练模型

数据上传成功后，在【训练模型】中，选择之前创建的节目视频分类模型，添加分类数据集，开始训练模型。训练时间与数据量有关，在训练过程中，可以设置训练完成的短信提醒并离开页面。如图 6-14～图 6-17 所示。

图 6-14　添加训练数据

图 6-15　选择数据集

图 6-16　训练模型

图 6-17　模型训练中

（2）查看模型效果

模型训练完成后，在【我的模型】列表中可以看到模型效果，如图 6-18 所示。点击【完整评估结果】可查看详细的模型评估报告，如图 6-19 所示。从模型训练整体的情况可以看出，该模型的训练效果是比较优异的。

| 【视频分类】看视频识别节目类型 ☑ 模型ID: 122722 | | | | | 🗒 训练　⟳ 历史版本　🗑 删除 |
|---|---|---|---|---|---|
| 部署方式 | 版本 | 训练状态 | 服务状态 | 模型效果 | 操作 |
| 公有云API | V1 | 训练完成 | 未发布 | top1准确率: 96.88%<br>top5准确率: 100.00%<br>完整评估结果 | 查看版本配置　申请发布<br>校验 |

图 6-18　模型训练结果

（3）校验模型

我们可以在【校验模型】中对模型的效果进行校验。

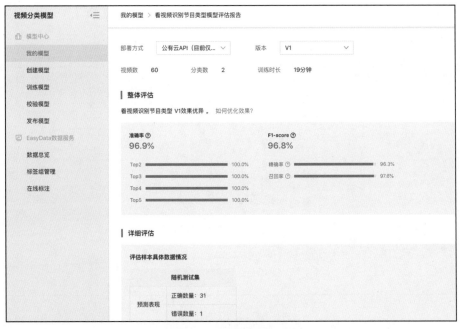

图 6-19　模型整体评估

首先，点击【启动模型校验服务】按钮，如图 6-20 所示，大约需要等待 5 分钟。

图 6-20　启动校验服务

然后，准备一条视频数据，点击【点击添加视频】，如图 6-21 所示。

图 6-21　添加视频

最后，使用训练好的模型对上传视频进行预测，如图 6-22 所示，结果显示该视频属于 dance 类别。

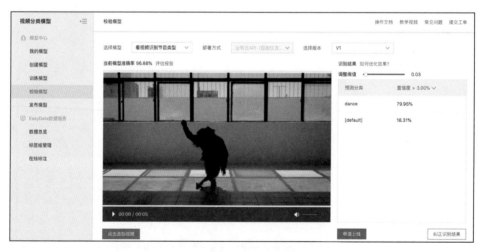

图 6-22　校验结果

八戒惊叹道："这简直就是超级版火眼金睛呀！猴哥，你快告诉我，你是如何炼成这超级版火眼金睛的？"

悟空笑道："其实很简单。"

视频其实是按特定顺序排列的一组图像的集合。我们已经学习过图像的分类，而视频分类就是对一组图像进行分类。这时候，需要提取这一组图像的关键特点，从而准确分析出视频的类别。

对于图像分类任务，人工智能通过模拟人脑去提取图像中的特征，并基于这些提取的特征对该图像进行分类。视频分类仅涉及一个额外步骤，就是把视频中的每张图片都提取出来，然后采用和图像分类相同的原理对视频进行分类。

# 悟空考考你：识别花果山村民的动作

八戒恍然大悟，说道："我懂了，猴哥。"

悟空笑道："你说你懂了，我还要考考你的。"

## 悟空的考题

悟空取经这段时间，花果山无人看管，山下的村民经常上山捉弄小猴子们。小猴子们没办法，给悟空写了封信求助。悟空想到可以设计一个监控系统，安装在水帘洞门口，此监控系统能识别村民的动作，从而知道村民要干什么，以便提前做好防御。

悟空对八戒说道："那你就为我的水帘洞设计一个监控系统来识别村民的动作吧。"

八戒听罢，拍着胸脯说道："没问题，交给我来做吧。"

## 识别花果山村民的动作

### 第一步 创建模型

这个阶段的主要任务是选择平台类型，确定模型类型，配置模型的基本信息（包括名称等），并记录希望模型实现的功能。

1）打开 EasyDL 平台主页，网址为 https://ai.baidu.com/easydl/，如图 6-23 所示。

点击图 6-23 中的【立即使用】按钮，显示如图 6-24 所示的【选择模型类型】选择框。模型类型选择"视频分类"，点击【进入操作台】，显示如图 6-25 所示的操作台页面。

图 6-23　EasyDL 平台主页

图 6-24　选择模型类型

图 6-25　操作台页面

2）在图 6-25 所示的操作台页面中创建模型。

点击操作台页面中的【创建模型】按钮，显示如图 6-26 所示的页面，在该页面中填写模型名称为"识别花果山村民动作"，模型归属选择"个人"，填写联系方式、功能描述等信息，点击【完成】按钮，完成模型的创建。

图 6-26　创建模型

3）模型创建成功后，可以在【我的模型】中看到刚刚创建的模型"识别花果山村民动作"，如图 6-27 所示。

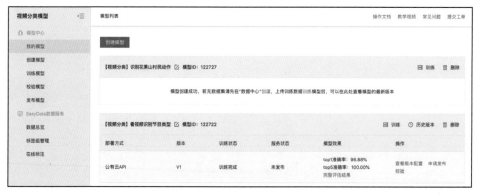

图 6-27　模型列表

**第二步** **准备数据**

　　这个阶段的主要工作是根据视频分类的任务准备相应的数据集，并把数据集上传到平台，用来训练模型。

（1）准备数据集

首先扫描封底二维码下载压缩包，在【第6章-实验2】中找到训练模型所需的视频数据。对于视频分类任务，我们准备了8种类型的动作，比如爬楼梯、拍手等。

然后，需要将准备好的视频数据按照分类存放在不同的文件夹里，文件夹名称即为视频对应的标签。此处要注意，视频类别名（即文件夹名称）只能包含字母、数字、下划线，不支持中文命名。

最后，将所有文件夹压缩，命名为 dongzuo_video.zip，压缩包的结构示意图如图 6-28 所示。

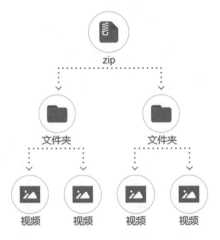

图 6-28　压缩包的结构示意图

（2）上传数据集

选择图 6-29 所示的【EasyData 数据服务】下的【数据总览】，点击【创建数据集】按钮，进入如图 6-30 所示的页面，在该页面中填写数据集名称，完成数据集的创建。可在如图 6-31 所示的页面中查看创建结果。点击【导入】按钮，进入如

图 6-32 所示的页面，选择数据标注状态为"有标注信息"、导入方式为"本地导入"、标注格式为"以文件夹命名分类"，点击【上传压缩包】按钮，选择 dongzuo_video.zip 压缩包进行上传。可以在如图 6-32 所示的页面中查看压缩包的数据格式要求。

选择好压缩包后，点击【确认并返回】按钮，成功上传数据集。

图 6-29　创建数据集

图 6-30　填写数据集名称

图 6-31　数据集创建结果

我的数据总览 ＞ 花果山村民动作识别/V1/导入

| 数据集ID | 195378 | 版本号 | V1 |
|---|---|---|---|
| 备注 | ✎ | | |

**标注信息** ∨

| 标注类型 | 视频分类 | 标注模板 | 短视频单标签 |
|---|---|---|---|
| 数据总量 | 0 | 已标注 | 0 |
| 标签个数 | 0 | 目标数 | 0 |
| 待确认 | 0 | 大小 | 0M |

**数据清洗**

暂未做过数据清洗任务

**导入数据**

数据标注状态　○ 无标注信息　● 有标注信息

导入方式　　本地导入 ∨　　上传压缩包 ∨

标注格式　　● 以文件夹命名分类 ⑦　　○ json（平台通用）⑦

上传压缩包　　⬆ 上传压缩包　　已上传1个文件

　　　　　　　⊘ dongzuo_video.zip ✕

确认并返回

图 6-32　上传数据集

（3）查看数据集

上传成功后，可以在【数据总览】页面中看到数据集的信息，如图 6-33 所示。数据集上传后，需要一段处理时间，大约几分钟后就可以看到数据集上传的结果，如图 6-34 所示。

点击【查看】，可以看到数据的详细情况，如图 6-35 所示。

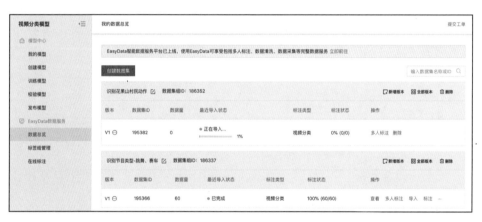

图 6-33　数据集展示

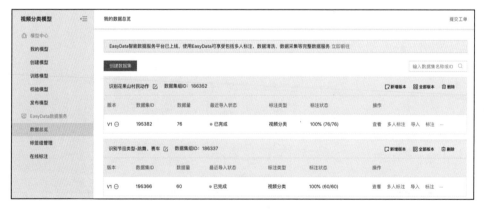

图 6-34　数据上传结果

图 6-35　数据集详情

## 第三步　训练模型并校验结果

前两步已经创建好了一个视频分类模型，并且创建了数据集。本步骤的主要任务是用上传的数据一键训练模型，并且在模型训练完成后，在线校验模型的效果。

（1）训练模型

数据上传成功后，在【训练模型】中，选择之前创建的节目视频分类模型，添加分类数据集，开始训练模型。训练时间与数据量有关，在训练过程中，可以设置训练完成的短信提醒并离开页面。如图 6-36 ～图 6-39 所示。

图 6-36　添加数据集

183

图 6-37　选择数据集

图 6-38　训练模型

图 6-39　模型训练中

184

（2）查看模型效果

模型训练完成后，在【我的模型】列表中可以看到模型的效果，如图 6-40 所示，点击【完整评估结果】可查看详细的模型评估报告，如图 6-41 所示。从模型训练的整体情况可以看到，该模型训练效果是比较优异的。

图 6-40　模型训练结果

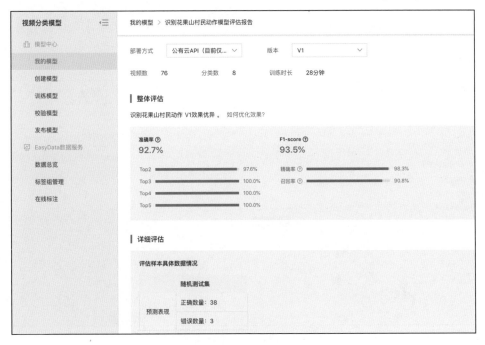

图 6-41　模型整体评估

（3）校验模型

我们可以在【校验模型】中对模型的效果进行校验。

首先，点击【启动模型校验服务】按钮，如图 6-42 所示，大约需要等待 5 分钟。

图 6-42　启动校验服务

然后，准备一条视频数据，点击【点击添加视频】，如图 6-43 所示。

图 6-43　添加视频

最后，使用训练好的模型对上传视频进行预测，如图 6-44 所示，结果显示该视频属于攀爬动作。

图 6-44　校验结果

最后，八戒成功实现了识别花果山村民动作的监控系统，把它安装在花果山水帘洞的洞口，花果山的小猴子们再也不怕山下村民的恶作剧了。

**家庭作业**

**想一想**：生活中有哪些视频分类的应用场景？

**做一做**：使用视频分类技术识别人物的动作。

# 晨钟暮鼓佛音袅，行者潜心研 AI

师徒四人在天庭完成任务后，又回到灵山，决定先在山脚下的客栈住宿一晚。想着这一路上历经重重劫难，降服了形形色色的妖魔鬼怪，如今终于到达这西方佛地，内心激动万分。

## 智能语音

第二天一早，唐僧换上当年唐朝皇帝御赐的袈裟，师徒四人准备前往玉真观拜见如来佛祖，求取真经。

四人来到了灵山的山门迎客处，远远望去，前方如同仙境一般，遍地奇花异草、苍松翠柏。

迎面走过来一位道士，问道："你们是不是从东土大唐而来？我等你们好久了。"原来这是玉真观的金顶大仙，一阵寒暄过后，一行人启程去往雷音寺。

八戒掏出手机，打开百度地图说道："去雷音寺。"只听见手机发出声音："前方一百米右转。"

金顶大仙满脸疑惑，八戒连忙解释道："这就是人工智能的智能语音技术。"

金顶大仙更加疑惑："智能语音？"

八戒继续说道："对。就是让机器能够听懂人类的语言，理解语言所表达的含义，并能做出正确的反馈甚至能够模仿人类进行互动交流的技术。"

金顶大仙："能和机器通过语音进行沟通，那真的是很便利呢！"

八戒说道："确实，比如在家里，我们可以通过语音唤醒小度音箱点播歌曲；可以通过语音控制家里的电器；开车的时候，可以用语音调节空调，或者用语音在百度地图上查找路线；等等。"

### AI 在线体验课之语音查找路线

第一步，打开手机上的百度地图软件，对着手机说"小度，小度"，就可以唤醒"小度"，然后会听到"小度"的语音回复"在呢"或者"来了"。

第二步，对着手机说出想让百度地图为你定制的导航路线，比如"我要从天安门去北大，再去百度公司"。

第三步，我们就可以看到百度地图为我们规划好的路线了，它还会为我们进行语音导航。

AI 在线体验课之导航语音定制

利用语音生成，制作属于自己的导航语音。

第一步，打开手机上的百度地图软件，点击左上角的头像图标，进入个人中心，在菜单中点击【录语音包】，然后点击【录制语音包】按钮，进入录制模式选择页面。

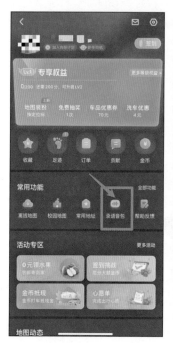

第二步，选择录制模式，我们可以选择【极速模式】，只需录制 9 句话，就可以快速生成语音包。选择完模式之后，会显示【录制注意事项】页面，我们需要勾选【我已阅读，并同意《语音制定规则》】，然后点击【开始录制】按钮，就可以录制语音了。

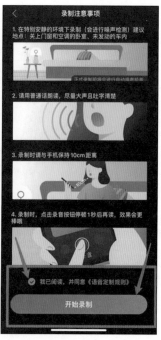

第三步，点击【点击开始】按钮，依次流利地读出显示的文字（共9句话）。录制完成后，点击【提交我的音频】按钮，便可以将自己的声音传送至后台进行学习。

提交之后，可在当前页面显示制作进度，只需等待5分钟，就可以生成自己的语音包了！

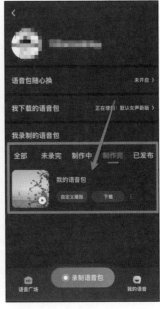

就这样，一行人借助着百度地图提供的语音导航到达了雷音寺。

提示：不同版本操作上可能会稍有差异，读者视情况操作即可。

## 智能绘画

唐僧师徒四人到来的消息迅速传遍灵山，原本安静的灵山立刻变得热闹起来。

四人来到雷音寺，终于见到了如来佛祖。唐僧道："佛祖，我自东土大唐而来求取真经。"佛祖曰："勿急！听闻你们修炼了不少人工智能法术，可否让大家开开眼界？"

这时，八戒自告奋勇，拿出自己的看家本领："各位有没有想过存在一种AI技术，看遍上千种物体之后，便知道：很多人的皮肤是黄色的、头发是黑色的、牙齿是白色的，花是红的，草是绿的，天空是蓝的呢？"

看到众人一脸疑惑，八戒继续道："这种技术是存在的，并且利用这种AI技术可以识别黑白图像并填充色彩。"说着，八戒拿出了一张图片。

一围观者道："哇！右侧这张经过AI技术处理的彩色图片确实比左侧的黑白图片更鲜活呢！"

说着，八戒就打开了百度 AI 开放平台：https://ai.baidu.com/。

AI 在线体验课之黑白图像上色

想把自己家里的黑白老照片转换成彩色照片吗？或许神奇的百度 AI 开放平台能够帮助你。百度 AI 开放平台使用深度学习技术，能在数秒内一键实现"黑白图像转彩色"的不可思议效果。

首先，打开百度 AI 开放平台，将鼠标置于【开放能力】，点击【图像技术】，选择【黑白图像上色】，如下图所示。

在此页面上，可以体验百度 AI 开放平台提供的黑白图色上色功能。如下图所示，可以在下方选择一张黑白图片，方便快捷地实现黑白图片上色功能；或者可以点击【本地上传】按钮，从本地上传一张黑白老照片，百度 AI 开放平台会帮助你把黑白图片转换成更鲜活生动的彩色图片。

优化后 优化前

拖动试试，优化前后差异很大哦

请输入网络图片URL    检测    或    本地上传

此处仅供功能展示，图片类型支持PNG、JPG、JPEG、BMP，大小不超过8M。该接口实际能力的图片格式及大小要求以接口文档为准

　　演示完黑白图像上色技术后，兴致勃勃的八戒继续说道：" AI 技术除了可以帮助黑白图片上色外，还有很多趣味性的应用，比如可以生成二次元的动漫人像。"说着，八戒又拿出了图片。

众多围观者皆感叹："哇！真像是专业艺术家手绘的！"

八戒道："通过 AI 技术可以成功地为肖像照片创建更清晰、更准确的漫画描绘。因此，用户能够自动绘制肖像漫画，并可应用于为社交媒体创建漫画头像以及设计卡通人物等任务。"

于是，八戒再次打开了百度 AI 开放平台。

## AI 在线体验课之人物动漫化

首先，打开百度 AI 开放平台，将鼠标置于【开放能力】，点击【图像技术】，选择【人像动漫化】，如下图所示。

如下图所示，可以在下方选择一张人物照片，方便快捷地体验人物动漫化功能；或者可以点击【本地上传】按钮，从本地上传一张自己的照片，快来看看百度 AI 开放平台帮你生成的漫画形象吧。

　　看完八戒的演示后，一围观者赞叹："通过 AI 技术自动进行黑白图片上色、自动创造漫画形象的服务，可以大大助力艺术创作。"

　　另一围观者发出疑问："难道除了人类之外，人工智能也能够从事艺术创作吗？"

　　八戒略微思考了一下，回答道："以如今 AI 技术的发展水平来看，AI 技术想要达到独立自主地进行艺术创作的目标，还有很长的路要走。"

AI 未来说

　　这时，莲台之上的佛祖说话了："你们师徒四人一路上可还太平？"

　　唐僧哽咽道："这一路甚是凶险，遇到了各种各样的妖怪，每次都惊险万分，还好我的徒弟凭借 AI 技术练就的火眼金睛，才可以降妖除怪。"

　　佛祖说："取经路上的各种劫难都是对你们的考验，我想告诉你们：想求

198

取真经修成正果并重返仙班是要经历一些磨难的。"

这时，一直没说话的悟空嘟囔道："佛祖，这一路上的妖怪都要吃了我师父以求长生不老，当真是愚蠢！"

佛祖肃然道："期望永葆青春、延年益寿是每个人的心愿！现如今，AI技术已经在生物科学、人类艺术、宇宙探索等领域大显身手，现在我授予你们全套AI经书，尔等定要细细研习，寻求突破！"

师徒四人齐声道："多谢佛祖！"

## AI技术+生物科学

八戒匆忙打开经书，映入眼帘的是"生物科学"四个大字，他激动地问道："猴哥，AI技术应用在生物科学领域，是不是意味着我们以后可以长生不老啦？"

悟空解释道："AI技术在生物科学领域的应用包括基因检测、药物研制两方面，目前只取得了一定的进步，未来还有很长的路要走……"

八戒打断道："等一下，基因检测是什么？"

基因检测是
什么?

悟空接着说："你知道为什么孩子会和父母长得像吗?这一切都源于一种叫作'基因'的物质。每个人都能从自己的父母身上遗传到30亿个基因密码,要掌握自己的健康状况,必须先对这些基因密码进行剖析,而基因检测就在做着这种解码工作。"

庞大的遗传基因

知识点

**基因**,也称为遗传因子,是指携带遗传信息的 DNA 序列,是控制性状的基本遗传单位。

八戒频频点头道："哦哦，原来基因检测能监控我的健康状况，那为什么要引入 AI 技术呢？它又是怎么应用到基因检测上的呢？"

悟空答道："基因有两个特点，一是能忠实地复制自己，以保持生物的基本特征；二是基因能够"突变"，绝大多数突变会导致疾病。当遇到一个未知的新突变时，我们可以通过 AI 技术分析基因序列信息，从而鉴别出真正引发疾病的突变基因，还可以计算出人类患癌症、心脑血管疾病、糖尿病等多种疾病的风险呢！"

八戒惊呼："这么厉害！那对于凡间新出现的新型冠状病毒，是不是也可以使用 AI 技术进行分析？"

悟空点头道："是啊，预测新冠病毒全基因组的二级结构时，传统方法需要 55 分钟，利用 AI 技术只需要 27 秒！够快吧！"

八戒听得目瞪口呆，说道："原来 AI 技术在生物科学领域的应用这么广泛，真是一个值得持续研究的方向啊！"

## AI 技术 + 人类艺术

八戒意犹未尽，又拿起一本叫作"人类艺术"的书，饶有兴趣地看了起来。突然，他兴奋地喊道："猴哥，有了 AI 技术，我就可以成为一名艺术家了！"

悟空笑道："哈哈，那你来谈谈你想用 AI 来创作什么吧！"

八戒激动地说："我要作画！还要……作曲！作诗！"

八戒停顿了一下，问道："可这些都是需要强大的文学功底、艺术底蕴才能做到的事情，AI 是怎么做到的呢？"

悟空解释道："还记得我们前面学过的人工智能三阶段吗？这就是认知智能需要解决的问题！它让机器能够像人一样思考，使机器能够理解数据、理解语言进而理解现实世界！"

悟空接着说道："人类有一位著名的画家，叫梵高，他的代表作之一《星月夜》用夸张的手法生动地描绘了充满运动和变化的星空，深受众人的喜爱。现在，利用 AI 技术也可以轻松画出星空风格的图片。"

悟空继续说道："除了模仿绘画风格，AI 技术还能够学习特定歌手的作词风格，模仿并创作出真假难辨的歌词。"

## AI 技术 + 宇宙探索

　　这时，一本"宇宙探索"的书吸引了八戒的眼球，八戒一脸疑惑地问："AI 技术还能助力宇宙探索吗？"

　　悟空说："是的，人类从未停止过对浩瀚宇宙和生命起源的探索。AI 技术给空间探测器装上了大脑，让它们能独自更精准、更高效地完成太空探测任务。人类不必亲自登上外星球就能进行勘察，使太空探索工作更加安全！"

　　八戒接着问道："我一直梦想着能去星际旅行，什么时候去月球能像回高老庄一样便捷啊？"

悟空思考了一下，答道："只要我们坚持不懈地进行宇宙探索，一切都是可能的！也许未来的某一天，我们会设计出一款 AI 宇宙飞船，它可以判断星际轨道、环境、气候、植被等，那时太空遨游就不再是一纸空谈！"

　　悟空接着说："目前，太空机器人正在发挥着重要的作用，例如，维修机器人可以负责修理和回收卫星，探测机器人可以探测星球的气候、地质等。"

　　悟空鼓励八戒："等你掌握了更多的 AI 技术，就可以去探索神秘而又神奇的宇宙了！"

八戒一脸坚定地说："那我一定要仔细研习这些经书，练就一身 AI 技艺！"

**家庭作业**

**想一想**：除了本章提到的应用，你还了解 AI 技术在哪些方面的应用？

**做一做**：体验百度智能翻译。

# 悟空功成添烦恼，八戒巧思解难题

　　悟空完成取经任务后回到花果山，过上了悠闲自在的生活，偶尔去找八戒聊聊人工智能的发展，切磋切磋技艺，甚是畅快。不料有次外出后，悟空的水帘洞被翻得乱七八糟，原来花果山的猴子猴孙们羡慕悟空的一身本领，都以为水帘洞里藏着秘籍。尽管悟空再三告诫，仍然拦不住他们趁悟空不在家进去翻找，弄得悟空一筹莫展，只好找八戒去诉苦。

 **悟空求助八戒，八戒乐开了花**

八戒见悟空愁眉不展，问道："猴哥，什么事情让你不高兴了？告诉我老猪，我来帮你解决！"

悟空看了胖乎乎的八戒一眼："呆子，你一身 AI 技能都是我教你的，我搞不定的事，你还能有办法？"

八戒不服气地说："猴哥，你可不能小看我，士别三日当刮目相看，我取经回来之后可一直勤学苦练，增长了不少本事呢。"

悟空想了想，死马当作活马医吧，说说也无妨，便和八戒说起花果山猴子猴孙不守规矩的事。八戒听完悟空的烦恼后，哈哈大笑道："猴哥，你这次可找对人了，我刚学了一套智能门禁系统开发教程，让我来练练手！"

**智能门禁系统的设计方案**

八戒根据百度 AI 开放平台（https://ai.baidu.com/），制定出如下设计方案。

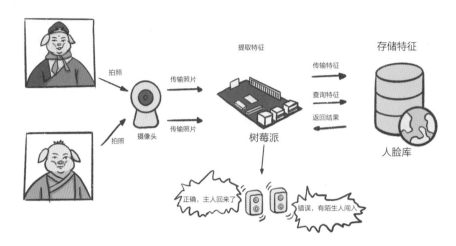

按照八戒的思路，智能门禁系统的开发分为人脸录入和人脸识别两个阶段。

第一阶段，录入人脸。通过摄像头拍照，生成多张人脸图片。摄像头拍照后把照片传输到树莓派上，树莓派上的智能程序收集人脸照片，训练人脸识别模型，并且把训练好的模型和特征存储起来。

第二阶段，识别人脸。当有人想进门时，只要对着摄像头，摄像头会自动拍照形成人脸照片，之后把照片传输到树莓派上。树莓派上的智能程序读入人脸照片，并且调用之前训练好的模型进行判断，预测当前人脸与主人照片的匹配程度，如果匹配程度超过一定的阈值，则判断当前用户是主人，就会开门，否则就不开门。

## 八戒的准备过程

八戒完成方案设计后，按照他的"行家"思维，参考做饭的流程来准备门禁系统的素材。

做饭需要锅碗瓢盆，智能门禁系统也需要相关的"硬件"。

知识点

**硬件**，看得见、摸得着的东西，比如电脑硬件，包括主板、硬盘、电源线、鼠标、键盘等。

做饭需要油盐酱醋，智能门禁系统也需要相关的"软件"。

**知识点**

**软件**，是计算机系统中的程序、数据、文档等的集合。其开发和运行对硬件有一定的依赖，电脑的运行需要软件与硬件的结合。

### 智能门禁系统的硬件准备

智能门禁系统需要摄像头、树莓派、音响以及主机、显示器、鼠标、键盘等常见的电脑配件。

**树莓派**。树莓派是一种小型的计算机，又称卡片式电脑或微型电脑，外形只有信用卡大小，却具有电脑的所有基本功能，它的英文名为 Raspberry Pi。我们可以在树莓派运行智能程序。树莓派有各种型号，我们使用的是 3B 型号的树莓派。

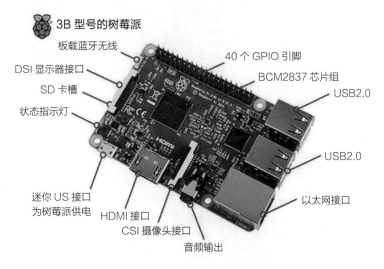

🍓 3B 型号的树莓派

板载蓝牙无线
DSI 显示器接口
SD 卡槽
状态指示灯
40 个 GPIO 引脚
BCM2837 芯片组
USB2.0
USB2.0
以太网接口
迷你 US 接口
为树莓派供电
HDMI 接口
CSI 摄像头接口
音频输出

**摄像头**。摄像头负责拍摄人脸的照片。摄像头在生活中随处可见，比如手机上集成了摄像头，我们可以利用它拍照和自拍；电脑上可以通过 USB 连接摄像头，我们可以利用它进行视频通话。树莓派也可以外接摄像头，利用摄像头拍摄人脸图像。若需购买摄像头，只需搜索"树莓派 3B 摄像头"三个关键字，即可找到 3B 版树莓派可以使用的摄像头。

音响。除了可以连接摄像头外，树莓派上的音频输出接口也可以直接连接音响，通过音响发出声音，向外界传递信息。树莓派上的音频输出接口为标准的 3.5mm 的音频接口，普通的音响一般都可以直接插上。

TF 卡，也称为 SD 卡。可以用来存储数据，例如图片和个人数据等。树莓派是一台小型的电脑，不过里面并没有内置存储卡，就像一台计算机没有硬盘一样，我们需要另外购买一个 TF 卡，保存运行树莓派所需要的操作系统和软件，还有用户的数据文件。为了有足够的空间存储文件，建议 TF 卡的容量至少为 32GB。

读卡器。当需要在电脑上读取存储在 TF 卡中的内容时，就需要使用读卡器。比如，可以使用读卡器将 TF 卡中保存的图片一一读取出来。

其他一些基础硬件包括主机、显示器、鼠标、键盘等。

## 智能门禁系统的软件准备

准备好智能门禁系统所需要的硬件后，接下来就可以准备软件了！

## 第一阶段：在树莓派上安装操作系统

下载操作系统和烧录软件，并使用烧录软件将树莓派所需要的操作系统烧录到树莓派上，启动树莓派并联网。

—知识点—

**烧录**，也叫刻录，就是把想要的数据通过刻录机、刻录软件等工具刻制到光盘、烧录卡（GBA）等介质中。

步骤 1：下载树莓派所需的操作系统

下载树莓派所需要的操作系统，下载链接为 http://downloads.raspberrypi. org/raspbian_latest，下载得到 2020-02-13-raspbian-buster.zip 文件，将其解压得到一个后缀为 img 的文件，如下图所示。

步骤 2：下载烧录软件

下载并安装烧录软件 Etcher，下载链接为 https://www.balena.io/etcher/，双击后按照提示一步步安装即可。

步骤 3：将操作系统烧录到 TF 卡上

首先在电脑上启动 Etcher，并插入 TF 卡，点击"Select image"，选择刚解压得到的 img 文件。

点击"Select drive"选择 TF 卡对应的磁盘分区。注意，一定要选择 TF 卡对应的分区，不要选到别的分区。

然后，点击"Burn image"，Etcher 软件开始将 img 文件的内容烧录到 TF 卡中。

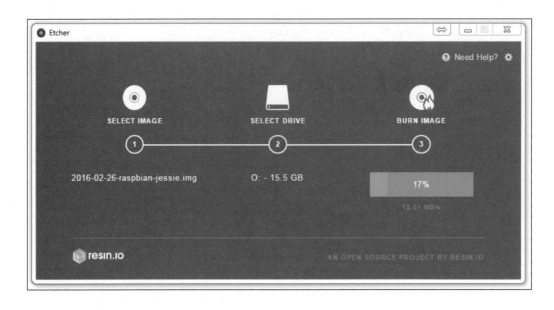

最后烧录成功，如下图所示。

经过这一系列步骤，就可以使用烧录软件将树莓派需要的操作系统烧录到 TF 卡上，接下来就可以使用 TF 卡来启动树莓派了！

步骤 4：启动树莓派

将 TF 卡插到树莓派的 TF 卡槽中，将显示器接到树莓派上的 micro HDMI 接口，将鼠标、键盘接到树莓派的 USB 接口，最后连接树莓派的电源，就可以在屏幕上看到树莓派启动的界面了。

进入系统的默认用户名和密码分别是 pi 和 raspberry。

步骤 5：将树莓派进行联网

系统启动以后，用一根网线把树莓派和路由器连接起来，一端插到路由器的某个 LAN 接口，另一端连接到树莓派的网口。启动一个 terminal，使用命令 ping www.baidu.com 来测试网络是否畅通，如下图所示。

## 第二阶段：安装 Python 和 OpenCV

启动树莓派并将树莓派联网之后，还需要在树莓派中安装和配置编写智能门禁系统所需要的编程环境。扫描封底二维码下载压缩包，在【第 8 章】中找到本章所需的相关文件。

Python 是一种计算机程序设计语言，可用于人工智能程序的开发。

OpenCV 是一个图像处理的常用库，提供了很多图像处理和分析算法，能够运行在操作系统上。

步骤 1：安装 Python

（1）下载 Python 安装脚本

在下载的文件中找到 Python 安装脚本 python_install.sh。

（2）执行脚本，安装 Python

首先，在树莓派上打开一个 terminal，输入 cd /home，代表进入根目录下的 home 目录。

将下载的 python_install.sh 脚本上传到 home 目录下。

然后执行 sh python_install.sh，即可完成 Python 的安装。

（3）验证 Python 是否安装成功

在 terminal 上输入 python3-V，查看 Python 的版本号，如下图所示。

```
pi@raspberrypi:~ $ pip3 -V
pip 18.1 from /usr/lib/python3/dist-packages/pip (python 3.7)
pi@raspberrypi:~ $ python3 -V
Python 3.7.3
```

若可以显示 Python 的版本，就表示 Python 安装成功！

步骤 2：安装 OpenCV

（1）下载安装 OpenCV 依赖的库

在下载的文件中找到脚本 opencvlib_install.sh。

在 terminal 上输入 cd /home，进入根目录下的 home 目录。

将电脑上下载的 opencvlib_install.sh 脚本上传到 home 目录下。

然后，在树莓派上执行 sh opencvlib_install.sh，即可完成 OpenCV 依赖库的安装。

（2）配置和安装各种依赖库

输入 sudo raspi-config，显示如下图所示的配置界面，通过在键盘按上下键选择第 7 项 "Advanced Options"，然后点击回车键，选择 "A1 Expend Filesystem"。

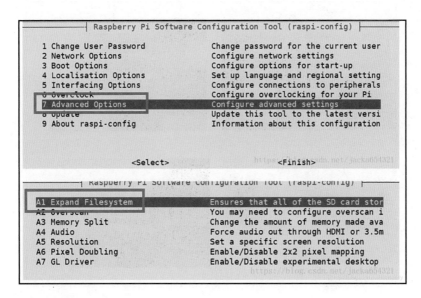

（3）安装 OpenCV

在下载的文件中找到脚本 opencv_install.sh。

在树莓派中 terminal 上输入 cd /home，进入根目录下的 home 目录。

将下载的 opencv_install.sh 脚本上传到 home 目录下。

然后，在 terminal 中执行 sh opencv_install.sh，即可完成 OpenCV 的安装。

八戒的实现过程

搭建好开发环境

在上一节中，我们已经准备好所有的硬件，并且准备好了编程环境。在正式开始前，还需要测试一下程序是否能够捕捉到摄像头拍的照片。

**第一阶段：将树莓派连接好摄像头，并使摄像头正常工作**

首先将树莓派断电，然后将摄像头按照下图所示接入树莓派的摄像头接口中，摄像头蓝色面朝网孔方向。

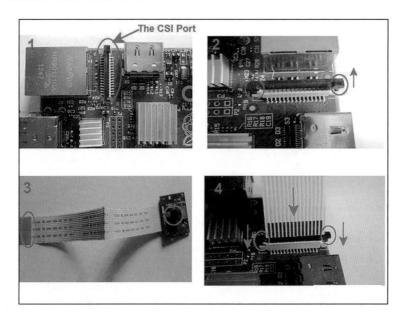

连接好摄像头后，输入以下命令 sudo raspi-config 并按回车键，显示下图所示的界面。

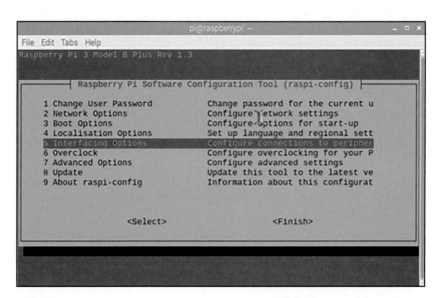

选择 "5 Interfacing Options", 按下回车键, 出现如下图所示的界面。

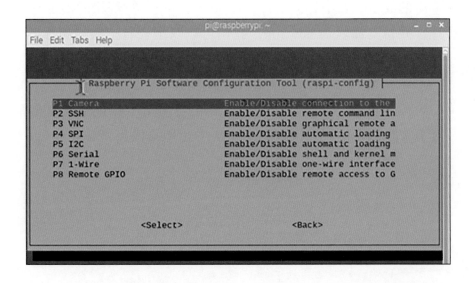

选择 "P1 Camera" 并按下回车键, 出现如下图所示的对话框。

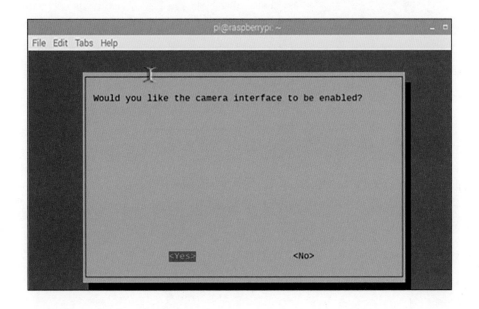

选择 "Yes", 并按下回车键。

这样就可以开启连接在树莓派上的摄像头了! 接下来验证一下摄像头是否

已经正常工作。

在树莓派的 terminal 中输入 raspistill -o new.jpg，树莓派的摄像头就可以拍摄一张照片，并将其命名为 new.jpg，我们可以双击查看拍摄的照片。

## 第二阶段：在树莓派上使用 OpenCV 调用摄像头

在第一阶段，我们已经将摄像头连接到树莓派上，并且保证树莓派可以正常工作。接下来测试下是否可以在 OpenCV 中使用摄像头，其流程如下图所示。

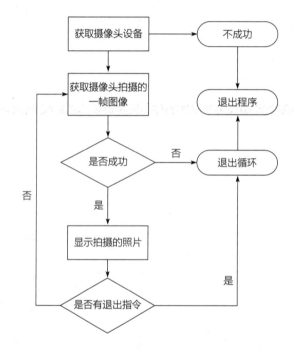

我们新建一个文件 testCam.py，其代码及说明如下。

```
1 import cv2 as cv
2 import time
3
4 cap = cv.VideoCapture(0)          # 获取摄像头设备对象
5 cap.set(3,640)                    # 设置显示窗口大小
6 cap.set(3,480)                    # 设置显示窗口大小
7
8 if not cap.isOpened               # 判断系统能否顺利连接摄像头
9     print("can not oepn camera")
10     exit()                       # 如果不能，则打印提示信息后退出程序
11 while(True):                     # 开启一个无限循环
12     ret,frame = cap.read()       # 获取摄像头拍摄的一帧图像
```

```
13
14    if not ret:                          # 判断拍摄是否成功
15        print("can not read correctly ret ,exiting...")
16        break                            # 如果不成功则打印提示信息并且退出
17
18    cv.imshow('frame',frame)             # 弹出界面显示拍摄的照片
19
20    if cv.waitKey(1) == ord('q'):        # 捕捉键盘的输入
21        break                            # 同时按下 Ctrl+C 键即可退出程序
22
23 cap.release()                           # 释放摄像头对象
24 cv.destroyAllWindows()                  # 关掉所有显示出的窗口
```

- 第 1 行和第 2 行通过 import 命令导入 opencv 和 time 库。
- 第 4 行获取摄像头设备对象，后续就可以操作摄像头了。
- 第 5 行和第 6 行设置显示窗口的大小。
- 第 8 ～ 10 行通过 if 语句判断树莓派系统能否顺利连接摄像头。如果不能，则提示开发者摄像头不可用，退出程序；如果能，则继续执行。
- 第 11 ～ 22 行通过 while 语句构建无限循环，因为 while（True）这个条件一直成立，所以一直会执行下去，其中：
  - 第 12 行获取摄像头拍摄的一帧图像；
  - 第 14 ～ 16 行通过 if 语句判断拍摄是否成功，如果不成功则提示用户拍摄照片不成功，退出程序；
  - 第 18 行弹出一个界面显示摄像头拍摄的照片；
  - 第 20 行捕捉键盘的输入，同时按下 Ctrl+C 即可退出程序。
- 第 23 行释放摄像头对象，和第 4 行的打开摄像头对象是对应操作。
- 第 24 行关闭所有显示出的窗口，呼应前面打开窗口的操作。

接下来，让我们进入动手环节！

第一步，在下载的文件中找到测试代码 testCam.py。

第二步，将代码文件上传到 /home 目录下。在 terminal 上输入 cd /home，进入根目录下的 home 目录，然后将下载的 testCam.py 上传到 home 目录下。

第三步，在树莓派的 terminal 中执行 python testCam.py，运行摄像头测试代码。如果能够显示出拍摄的图片，则表示使用 OpenCV 调用摄像头成功。接下来我们就可以使用程序控制摄像头了！

测试好程序可以调用摄像头后，就可以通过写程序来收集人脸的图像了。

id=1

数据集

整体流程如下图所示。对要拍摄的照片进行编号，并将连续拍摄的照片按照编号存储在文件夹里，作为接下来要训练的人脸识别模型的数据集。

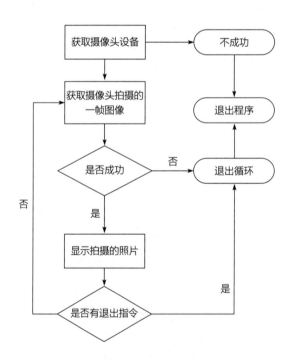

我们新建一个文件夹 dataset 来保存人脸文件，新建一个文件 face_dataset.

py 并且编写以下代码。

```
 1  import cv2 as cv
 2  import os
 3
 4  cam = cv.VideoCapture(0)        # 获取摄像头设备
 5  cam.set(3, 640)                  # 设置显示窗口大小
 6  cam.set(4, 480)                  # 设置显示窗口大小
 7  # 读入人脸识别模型文件
 8  face_detector = cv.CascadeClassifier('haarcascade_frontalface_default.xml')
 9  if face_detector == None:        # 模型帮助检测出图片中的人脸
10      print("人脸识别文件缺失，退出程序 ...")
11      exit()                       # 如果读入失败则退出
12
13  # 输出提示用户输入 ID 标志，保存到 face_id 变量中
14  face_id = input('\n 输入用户 ID，然后输入回车键 ==>  ')
15  print("\n 正在初始化人脸捕捉，请将人脸对准摄像头 ...")
16  count = 0
17
18  while(True):                     # 开始一个循环
19      ret, img = cam.read()        # 通过摄像头拍摄一张照片
20      gray = cv.cvtColor(img, cv.COLOR_BGR2GRAY)
21      faces = face_detector.detectMultiScale(gray, 1.3, 5)
                                     # 从摄像头拍摄的照片中，获取截取到的人脸范围
22      for (x,y,w,h) in faces:
23          cv.rectangle(img, (x,y), (x+w,y+h), (255,0,0), 2)  # 把整张图片中的脸部截取出来
24          count += 1
25          # 保存脸部图片到文件夹中
26          cv.imwrite("dataset/User." + str(face_id) + '.' + str(count) + ".jpg",
27              gray[y:y+h,x:x+w])
28          cv.imshow('image', img)
29      k = cv.waitKey(100) & 0xff   # 按下 Esc 键可以退出程序
30      if k == 27:
31          break
32      elif count >= 30:            # 每个用户最多收集 30 张照片
33          break
34
35  print("\n 正在退出程序 ...")
36  cam.release()                    # 释放摄像头对象
37  cv.destroyAllWindows()           # 删除所有的窗口
```

- 第 1 行和第 2 行通过 import 命令导入 opencv 和 time 库。
- 第 4 行获取摄像头设备对象，后续就可以操作摄像头了。
- 第 5 行和第 6 行设置显示窗口大小。
- 第 9 ~ 11 行通过 if 语句判断读 haarcascade_frontalface_default.xml 文件

221

是否成功。这个模型用于检测出图片中的人脸，如果读入失败则提示程序员文件读取有问题，退出程序；如果能读取，则继续执行。

- 第 14 行输出提示用户输入 ID 标志，保存到 face_id 变量中，并输入回车键确认输入。
- 第 18 ～ 33 行是通过 while 语句构建无限循环，因为 while（True）这个条件一直成立，所以会一直执行下去，其中：
  - 第 19 行开始一个循环，在循环内部多次获取用户的照片，并且保存成本地图片；
  - 第 21 ～ 28 行，从摄像头拍摄的照片中获取截取到的人脸范围，把截取好的人脸图片保存到本地；
  - 第 29 ～ 31 行捕捉键盘的输入，输入 Esc 即可退出程序；
  - 第 32 ～ 33 行，通过 if 语句判断获取的照片数量是否大于 30，如果是，则跳出循环。
- 第 36 行释放摄像头对象，和第 4 行打开摄像头对象是对应操作。
- 第 37 行关闭所有显示出的窗口，呼应前面打开窗口的操作。

接下来我们来动手实践一下吧！

## 第一阶段：采集人脸照片

第一步，在下载的文件中找到获取人脸照片的代码 face_dataset.py 和 haarcascade_frontalface_default.xml。

第二步，在 terminal 上输入 cd /home，进入根目录下的 home 目录，然后将下载的 face_dataset.py 和 haarcascade_frontalface_default.xml 文件上传到 home 目录下。

第三步，在当前目录下，新建一个 dataset 文件夹，用于存储采集的照片。

第四步，输入 python face_dataset.py，按下回车键。然后就可以在摄像头前拍照并进行保存了！

## 第二阶段：训练人脸识别模型

收集到人脸数据集后，我们就可以构建一个模型，从不同的人脸图像中学习人脸特征，从而识别不同的人脸。

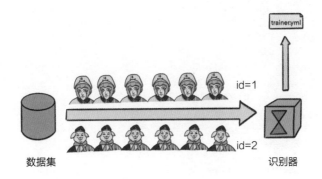

训练一个人脸识别模型的流程如下图所示。

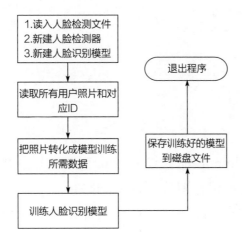

我们新建文件夹 trainer，用来保存训练好的模型，新建训练模型的代码文件 face_training.py。

```
1  import numpy as np
2  from PIL import Image
3  import os
4  import cv2
5
6  # 保存图片文件的文件夹路径
7  path = 'dataset'
8  # 新建一个模型训练器，将数据导入模型训练器后能够训练出人脸识别的模型
9  recognizer = cv2.face.LBPHFaceRecognizer_create()
10 # 一个人脸检测器，用于从一张图片中检测出人脸部分
11 detector = cv2.CascadeClassifier("haarcascade_frontalface_default.xml");
12
13 # 从图片文件夹中读取同一个人的多张人脸文件，用人脸检测器检测出其中的人脸位置，生成训练数据和
   对应的标签
14 def getImagesAndLabels(path):
15     imagePaths = [os.path.join(path,f) for f in os.listdir(path)]
16                                   # 获取 dataset 文件夹下面所有文件的文件路径
17     faceSamples=[]
18     ids = []
19     for imagePath in imagePaths:                          # 针对每个人脸文件进行编码
20         PIL_img = Image.open(imagePath).convert('L') # 把人脸图片变成灰度图
21         img_numpy = np.array(PIL_img,'uint8')         # 把灰度图转化为 np 矩阵
22         id = int(os.path.split(imagePath)[-1].split(".")[1])
23         faces = detector.detectMultiScale(img_numpy)  # 从图中找到脸部的位置
24         for (x,y,w,h) in faces:
           # 可能有多张脸，把每张脸处理成数据保存到 faceSamples 中，把相应的 ID 保存在 ids 中
25             faceSamples.append(img_numpy[y:y+h,x:x+w])
26             ids.append(id)
27     return faceSamples,ids
28
29 print ("\n 正在训练模型，请稍等 ...")
30 faces,ids = getImagesAndLabels(path) # 调用函数获取训练数据和数据标签，保存到 faces 和 ids 中
31 recognizer.train(faces, np.array(ids))  # 训练人脸识别器，这个人脸识别器能够接收新的人
   脸照片，判断和模型中存储的人脸特征匹配程度，从而判断新的人脸照片中的人物身份
32 # 把模型保存到文件 trainer/trainer.yml 中，以便后续被加载用来识别新的人脸的身份
33 recognizer.write('trainer/trainer.yml')
34
35 # 打印出已经训练好的人脸 ID
36 print("\n id 为 {0} 的人脸模型已经训练好．正在退出程序 ".format(len(np.unique(ids))))
```

- 第 1 ～ 4 行通过 import 命令导入 NumPy、PIL、OS 和 OpenCV 库。
- 第 7 行用 path 变量保存图片文件夹的路径。
- 第 9 行新建一个模型训练器，将数据导入模型训练器后能够训练出人脸

识别的模型。

- 第 11 行是一个人脸检测器，用于从一个图片中检测出人脸部分。
- 第 14 ~ 27 行是一个函数，从图片文件夹中读取同一个人的多张人脸文件，用人脸检测器检测出其中的人脸位置，生成训练数据和对应的标签。
- 第 29 行打印提示信息，提示用户开始训练模型。
- 第 30 行调用前面定义的 getImageAndLabels 函数，获取训练数据和数据标签。
- 第 31 行非常关键，利用第 9 行新建的模型训练器和第 28 行获取的训练数据和数据标签，训练出人脸识别器。这个人脸识别器能够接收新的人脸照片，判断和模型中存储的人脸特征匹配程度，从而判断新的人脸照片中的人物身份。
- 第 33 行把模型保存到文件 trainer/trainer.yml 中，以便后续被加载用来识别新的人脸的身份。

接下来让我们来动手吧！

第一步，在下载的文件中找到训练人脸照片的代码 face_training.py。

第二步，在 terminal 上输入 cd /home，进入根目录下的 home 目录，然后将下载的 face_training.py 文件上传到 home 目录下，并在 home 目录下新建一个文件夹 trainer，用于存放训练好的模型。

第三步，执行 python face_training.py，这样就可以开始训练一个人脸识别模型了，训练好的模型存放在 trainer 文件夹下。

接下来，就可以将训练好的人脸识别模型用于智能门禁系统了！

### 测试智能门禁系统的效果

训练好模型以后，我们可以通过摄像头捕捉一个新的人脸图像，训练好的人脸识别器将会返回其预测的人脸 ID，并展示识别器对于这个结论有多大的信心。其流程如下图所示。

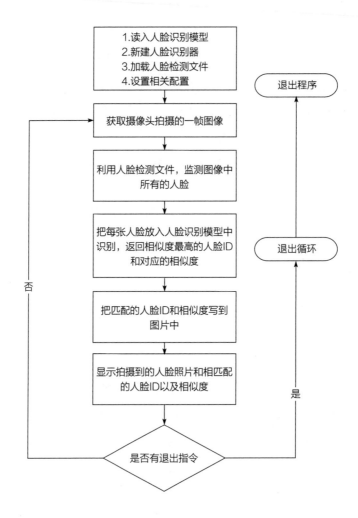

我们新建识别器文件 face_recognition.py，并且写入以下代码。

```
 1 import numpy as np
 2 import os
 3 import cv2
 4 recognizer = cv2.face.LBPHFaceRecognizer_create() # 新建一个人脸识别器
 5 recognizer.read('trainer/trainer.yml')
   # 加载前一小节训练好的并且保存到文件 trainer/trainer.xml 中的人脸识别模型
 6 cascadePath = "haarcascade_frontalface_default.xml"
 7 faceCascade = cv2.CascadeClassifier(cascadePath); # 加载人脸检测文件
 8
 9 font = cv2.FONT_HERSHEY_SIMPLEX
10 id = 0
```

```
11  # 人名和 ID 的对应关系，例如 Sun Wukong 对应的 ID 为 1。人名在列表中的位置代表了这个人的 ID
12  names = ['None', 'Sun Wukong', 'Zhu bajie']
13
14  # 初始化实时摄像头捕捉
15  cam = cv2.VideoCapture(0)
16  cam.set(3, 640)                        # 设置大小
17  cam.set(4, 480)                        # 设置大小
18
19  # 设置可被识别为人脸的最小窗口范围
20  minW = 0.1*cam.get(3)
21  minH = 0.1*cam.get(4)
22  while True:
23      ret, img =cam.read()                 # 读入此刻摄像头拍摄的照片
24      gray = cv2.cvtColor(img,cv2.COLOR_BGR2GRAY) # 转成灰色，这样可去除照片的颜色，减少数据量
25      faces = faceCascade.detectMultiScale(
26          gray,
27          scaleFactor = 1.2,
28          minNeighbors = 5,
29          minSize = (int(minW), int(minH)),
30          )# 利用人脸检测，检测出照片中所有的人脸
31      for(x,y,w,h) in faces:                # 对每一张人脸做识别
32          cv2.rectangle(img, (x,y), (x+w,y+h), (0,255,0), 2)
33          id, confidence = recognizer.predict(gray[y:y+h,x:x+w])
34          # 人脸识别器识别当前人脸和训练好的模型中哪个人的相似度最高，返回这个人的 ID 和相似度
35          # 如果相似度小于 100，打印出相似度
36          if (confidence < 100):
37              id = names[id]
38              confidence = "  {0}%".format(round(100 - confidence))
39          else:                            # 否则为未识别出
40              id = "unknown"
41              confidence = "  {0}%".format(round(100 - confidence))
42          cv2.putText(img, str(id), (x+5,y-5), font, 1, (255,255,255), 2)
43          # 把人脸 ID 实时打印在显示出的图像中
44          cv2.putText(img, str(confidence), (x+5,y+h-5), font, 1, (255,255,0), 1)
45          # 把相似度实时打印在显示出的图像中
46
47      cv2.imshow('camera',img)             # 把图像显示出来
48
49      k = cv2.waitKey(10) & 0xff           # 按下 Esc 按键则退出程序
50      if k == 27:
51          break
52
53  cam.release()                          # 释放摄像头对象
54  cv2.destroyAllWindows()                # 清除所有显示出的图像
```

- 第 1 ~ 3 行通过 import 命令导入 NumPy、OS 和 OpenCV 库。
- 第 4 行新建一个人脸识别器。

- 第 5 行加载前一小节训练好并且保存到文件 trainer/trainer.xml 中的人脸识别模型。
- 第 6 ~ 7 行加载人脸检测文件，这个文件可以在摄像头新捕捉的人脸照片中找到人脸部分的范围。
- 第 12 行用一个列表来保存人名和 ID 之间的关系，人名在列表中的位置代表了这个人的 ID。
- 第 15 ~ 18 行初始化摄像头，实时捕捉出现在摄像头中的新的人物面孔。
- 第 22 ~ 51 行通过 while 语句构建一个无限循环，直到用户在控制台按下 Ctrl+C 或者 Esc 键后，程序在 51 行退出循环，其中：
  - 第 23 行读入此刻摄像头拍摄的照片；
  - 第 24 行将照片转成灰色，去除照片的颜色，以减少数据量；
  - 第 25 ~ 30 行利用人脸检测，检测出照片中所有的人脸；
  - 第 33 行利用人脸识别器识别人脸和已有模型中的哪个人脸最匹配，输出人脸 ID 和置信度；
  - 第 35 ~ 45 行在图像中用方框标记出对应的人脸和人名。

接下来让我们来动手吧！

第一步，在下载的文件中找到识别人脸的代码 face_recognition.py。

第二步，在 terminal 上输入 cd /home，进入根目录下的 home 目录，然后将下载的 face_recognition.py 文件上传到 home 目录下。

第三步，执行 python face_recognition.py，这样就可以开始进行人脸识别了！

至此，我们已经能够实时地捕捉所有摄像头中出现的人物，一旦发现水帘洞主人的面孔出现，模型能够立即识别。下一步要做的就是，给连接在树莓派上的门禁和音响发送信号。

如果是正确的主人，则音响报出语音"主人回来了"。

如果是陌生的人，则音响发出语音"有陌生人闯入"。

### 八戒的进阶版本

八戒帮助悟空完成花果山的智能门禁系统后，想起百度 AI 开放平台的神奇功能，不一会儿就琢磨出一个进阶的版本，一起来看看吧！

**第一阶段：开通百度智能服务并获取 KEY**

第一步，通过 https://ai.baidu.com/tech/face/detect 链接进入百度 AI 开放平台的人脸检测与属性分析页面，点击下图中的"立即使用"，首先需要开通百度智能云账号。

第二步，创建账号并登录后，进入如下图所示的页面，点击"创建应用"。

第三步，如下图所示，按照说明填写信息，创建应用。

### 创建新应用

* 应用名称：　　　请输入应用名称

* 接口选择：　　　部分接口免费额度还未领取，请先去领取再创建应用，确保应用可以正常调用 去领取

勾选以下接口，使此应用可以请求已勾选的接口服务，注意人脸识别服务已默认勾选并不可取消。

完成企业认证，即可获得公安验证接口、身份证与名字比对接口、H5视频活体接口的权限，并获赠免费调用量。立即认证

☐ 人脸识别　　**基础服务**

　　　　☑ 人脸检测　　☑ 人脸对比　　☑ 人脸搜索

　　　　☑ 在线活体检测　　☑ 人脸库管理

　　　　☑ 人脸搜索-M:N识别

　　　　☑ 人脸识别特征值同步接口

　　　　**实名认证**

　　　　☑ 随机校验码　　☑ H5视频活体检测

　　　　**人像特效**

　　　　☑ 人脸融合　　☑ 人脸属性编辑　　☑ 人脸关键点检测

　　　　☑ 虚拟换妆

　　　　**医美特效**

　　　　☑ 肤色检测接口　　☑ 皮肤分析

第四步，在创建完应用后，平台将会分配此应用的相关凭证，如下图所示，可查看应用详情，主要为 AppID、API Key 和 Secret Key。

| 应用详情 | | | |
| --- | --- | --- | --- |
| 编辑 查看文档 下载SDK 查看教学视频 | | | |
| 应用名称 | AppID | API Key | Secret Key |
| 人脸匹配和识别 | 24358688 | C8RXmfSElcyKTpbRSC2W7tBa | ******* 显示 |

| API列表： | | | | | |
| --- | --- | --- | --- | --- | --- |
| API | 状态 | 请求地址 | 调用量限制 | QPS限制 | 展开 ∨ |

应用信息：
应用归属： 个人
应用描述： 智能门禁系统

## 第二阶段：获取接入百度服务的"令牌"——Access Token

在此阶段需要使用第一阶段创建应用所分配到的 AppID、API Key 及 Secret Key，进行 Access Token（用户身份验证和授权的凭证）的生成。此部分通过调用百度提供的 API 来获取，具体代码如下。

```
1 def get_access():
2     host = 'https://aip.baidubce.com/oauth/2.0/token?grant_type=client_
          credentials&client_id=hZK0EsVZekVHh0DN6hmSonIA&client_secret=s5oyvRc68QW
          ske8rjFk2eTrzEu6swsrf'
3     response = requests.get(host)
4     if response:
5         res_dict = response.json()
6         if('access_token' in res_dict.keys()):
7             return res_dict['access_token']
8         return ''
```

- 第 1 行定义函数 get_access，该函数负责获取 Access Token。
- 第 2 行根据 API Key 及 Secret Key 构造一个 URL，用于访问百度 AI 服务。
- 第 3 行使用 HTTP GET 方法向百度 API 服务地址发送请求，服务器会根据 URL 中的 API Key 及 Secret Key 生成一个 Access Token。
- 第 4 ～ 8 行获取服务器返回的 Access Token。

## 第三阶段：使用百度人脸检测服务，检测图片中的人脸并标记位置信息

利用获取的 Access Token 就可以接入百度的人脸检测服务了。

我们选取用户 1 的两张照片和用户 2 的一张照片，利用百度人脸检测服务

进行检测，就可以检测出照片中的人脸位置，并且生成每张图片的唯一标识 face_token。

```python
1  def image_2_base64(image_path):              # 将本地图片编码为 Base64 格式
2      try:
3          with open(image_path, 'rb') as f:    # 打开图片，生成文件句柄
4              image = f.read()                  # 读取图片文件二进制内容
5              image_base64 = str(base64.b64encode(image))# 把图片内容编码成 Base64 格式
6              return image_base64               # 返回 Base64 格式的图片内容
7      except Exception as e:
8              return ""
9
10 def facedetect(image_base64):
11     # 服务 API
12     request_url = https://aip.baidubce.com/rest/2.0/face/v3/detect
13     # 提交请求的参数
14     params = "{\"image\":\"" + image_base64 + "\",\"image_type\":\"BASE64\",\"face_
           field\":\"faceshape,facetype\"}"
15     # 获取 Acess Token
16     access_token = get_access()
17     # 组合请求参数
18     request_url = request_url + "?access_token=" + access_token
19     # 设置 HTTP 请求头
20     headers = {'content-type': 'application/json'}
21     # 提交请求
22     response = requests.post(request_url, data=params, headers=headers)
23     if response:
24         print (response.json())                  # 获取返回的结果
25
26 def face_detect():
27     # 用户的三张照片
28     image_1_1 = r"user1_1.jpg"                    # 用户 1 的第一张照片
29     image_1_2 = r"user1_2.jpg"                    # 用户 1 的第二张照片
30     image_2 = r"user2.jpg"                        # 用户 2 的第一张照片
31     # 对三张照片进行 Base64 编码
32     image_base64_1_1 = image_2_base64(image_1_1)
33     image_base64_1_2 = image_2_base64(image_1_2)
34     image_base64_2 = image_2_base64(image_2)
35     # 调用函数，检测照片中的人脸
36     facedetect(image_base64_1_1)
37     facedetect(image_base64_1_2)
38     facedetect(image_base64_2)
39
40 def main():
41     face_detect()
42 if __name__ == "__main__":
43         main()
```

- 第 1 ～ 8 行定义函数 image_2_base64，这个函数负责将图片转换成 Base64 编码。
  - 第 2 ～ 6 行表示通过 if 语句判断获取的照片数量是否大于 30，如果是，则跳出循环。读入一张图片，读取图片的二进制内容，并将图片编码成 Base64 格式，并返回。
  - 第 7 ～ 8 行表示如果发生异常，则返回为空。
- 第 10 行定义一个函数 facedetect，负责对输入的 Base64 格码的图片进行检测。
- 第 12 行定义要请求的服务 API。
- 第 14 行提交请求的参数。
- 第 16 行获取一个 Access Token。
- 第 18 行根据第 12 ～ 16 行的服务 API、请求参数和 Access Token，组合成一个 HTTP 请求的 URL。
- 第 20 行设置 HTTP 请求的头部。
- 第 22 行发送一个 HTTP POST 请求。
- 第 23 ～ 24 行获取 HTTP 请求的结果。
- 第 26 行定义一个方法 face_detect，接收用户图片，用于人脸检测。
- 第 28 ～ 30 行加载三张图片。
- 第 32 ～ 34 行对三张图片分别进行 Base64 编码。
- 第 36 ～ 38 行调用 facedetect 方法，对三张图片分别进行人脸检测。

运行结果如下图所示。

```
PS C:\Users\zhonliu\Desktop\AITech\Exp\facerecoinrap-master\BaiduFaceRecoProject> python .\FaceDetect.py
{u'log_id': 7535259484796L, u'timestamp': 1587484394, u'cached': 0, u'result': {u'face_list': [{u'angle': {u'yaw': 14.66
, u'roll': -28.77, u'pitch': 15.4}, u'face_shape': {u'type': u'oval', u'probability': 0.58}, u'location': {u'width': 99,
u'top': 125.7, u'height': 102, u'rotation': -20, u'left': 45.75}, u'face_type': {u'type': u'human', u'probability': 0.8
8}, u'face_token': u'418a720fa6b8f2cf3c7e1136e730e049', u'face_probability': 1}], u'face_num': 1}, u'error_code': 0, u'e
rror_msg': u'SUCCESS'}
{u'log_id': 5843584991101L, u'timestamp': 1587484395, u'cached': 0, u'result': {u'face_list': [{u'angle': {u'yaw': 18.42,
u'roll': -7.42, u'pitch': 3.56}, u'face_shape': {u'type': u'oval', u'probability': 0.41}, u'location': {u'width': 159,
u'top': 158.39, u'height': 169, u'rotation': -3, u'left': 120.33}, u'face_type': {u'type': u'human', u'probability': 0.9
9}, u'face_token': u'0a76791ca51da66122a55206d58407da', u'face_probability': 1}], u'face_num': 1}, u'error_code': 0, u'e
rror_msg': u'SUCCESS'}
{u'log_id': 2018489159935L, u'timestamp': 1587484395, u'cached': 0, u'result': {u'face_list': [{u'angle': {u'yaw': -32.9
7, u'roll': 1.13, u'pitch': -0.5}, u'face_shape': {u'type': u'round', u'probability': 0.47}, u'location': {u'width': 141
, u'top': 138.7, u'height': 130, u'rotation': 3, u'left': 204.06}, u'face_type': {u'type': u'human', u'probability': 1},
u'face_token': u'1dd4ef2cb3f15d46227710c022c2079c', u'face_probability': 1}], u'face_num': 1}, u'error_code': 0, u'erro
r_msg': u'SUCCESS'}
```

通过运行结果可以看出，从三张照片中都检测出了人脸，并且每张人脸有自己的唯一编号 face_token。在接下来的步骤中，将会使用 face_token 来获取人脸信息。注意，face_token 和照片一一对应，并非和某个人对应，同一个人的不同照片也可能有不同的 face_token。

## 第四阶段：使用百度人脸库管理服务，向人脸库中添加人脸

在百度人脸管理库中进行注册，将用户 1 的第一张照片和用户 2 的照片添加到人脸库中。

```
1  def one_face_regist(face_toke,userid):
2      # 获取 acess_token
3      access_token = get_access()
4      if(access_token == ''):
5          return
6      # 服务 API 地址
7      request_url = "https://aip.baidubce.com/rest/2.0/face/v3/faceset/user/add"
8      # 调用服务的参数
9      params = "{\"image\":\""+face_toke+"\", \"image_type\":\"FACE_TOKEN\",\"group_
           id\":\"group_aiface\",\"user_id\":\"" + userid+"\",\"user_info\":\"user_info
           of me\",\"quality_control\":\"LOW\",\"liveness_control\":\"NORMAL\"}"
10     # 组合请求参数
11     request_url = request_url + "?access_token=" + access_token
12     # 设置 HTTP 请求头
13     headers = {'content-type': 'application/json'}
14     # 调用服务
15     response = requests.post(request_url, data=params, headers=headers)
16     # 打印返回的结果
17     if response:
18         print (response.json())
19  def face_regist():
20     # 用户 1 和用户 2 照片的 face_token
21     token_1 = "418a720fa6b8f2cf3c7e1136e730e049"
22     token_2 = "1dd4ef2cb3f15d46227710c022c2079c"
23     # 向人脸库中注册用户 1 和用户 2
24     one_face_regist(token_1,"user_1_id")# 注册用户 1
25     one_face_regist(token_2,"user_2_id")# 注册用户 2
26  def main():
27     face_regist()
28  if __name__ == "__main__":
29     main()
```

- 第 3 ~ 5 行获取 access_token。

- 第 7 行定义人脸管理库，注册 API。
- 第 9 行定义请求参数，包括 Access_token 和 userid 等。
- 第 11 行利用第 7 行的 API 和第 9 行的请求参数，拼装成 HTTP 请求的 URL。
- 第 13 行设置 HTTP 请求的头部。
- 第 15 行发送一个 HTTP 请求，调用管理库注册人脸照片。
- 第 17 ~ 18 行打印请求返回的结果。
- 第 19 行定义一个人脸照片注册方法 face_regist。
- 第 20 ~ 22 行设置两张照片的 face_token。
- 第 24 ~ 25 行向人脸库中添加两张人脸照片。

提交添加请求以后，返回的结果如下图所示。

PS C:\Users\zhonliu\Desktop\AITech\Exp\facerecoinrap-master\BaiduFaceRecoProject> python .\FaceRegist.py
{u'log_id': 2515793545995L, u'timestamp': 1587486086, u'cached': 0, u'result': {u'location': {u'width': 99, u'top': 125.
7, u'height': 102, u'rotation': -20, u'left': 45.75}, u'face_token': u'418a720fa6b8f2cf3c7e1136e730e049'}, u'error_code'
: 0, u'error_msg': u'SUCCESS'}
{u'log_id': 8955353589999L, u'timestamp': 1587486086, u'cached': 0, u'result': {u'location': {u'width': 141, u'top': 138
.7, u'height': 130, u'rotation': 3, u'left': 204.06}, u'face_token': u'1dd4ef2cb3f15d46227710c022c2079c'}, u'error_code'
: 0, u'error_msg': u'SUCCESS'}

**第五阶段：使用百度人脸搜索服务，从人脸库中找到与当前人脸最相似的人脸**

当建立好人脸库以后，使用百度人脸搜索服务，在人脸库中搜索与用户 1 的第二张图片最相似的图片，让人脸搜索服务帮助我们辨认这张照片的主人。

```
1  def face_search():
2      # 服务 API 地址
3      request_url = "https://aip.baidubce.com/rest/2.0/face/v3/search"
4      # 需要判断的照片的 face_token
5      new_face_pic_token = "0a76791ca51da66122a55206d58407da"
6      # 调用服务的参数
7      params="{\"image\":\""+new_face_pic_token+ "\",\"image_type\":\"FACE_TOKEN\",
           \"group_id_list\":\"group_aiface\",\"quality_control\":\"LOW\",\"liveness_
           control\":\"NORMAL\"}"
8      # 获取 acess_token
9      access_token = get_access()
10     # 组合请求参数
11     request_url = request_url + "?access_token=" + access_token
12     # 设置 HTTP 请求头
13     headers = {'content-type': 'application/json'}
```

235

```
14      # 调用服务
15      response = requests.post(request_url, data=params, headers=headers)
16      if response:
17          print (response.json())# 打印返回的结果
18 def main():
19      face_search()
20 if __name__ == "__main__":
21      main()
```

- 第 1 行定义一个人脸搜索方法 face_search。
- 第 3 行定义人脸搜索服务的 API 接口。
- 第 5 行定义需要搜索的人脸照片的 face_token。
- 第 7 行定义调用人脸搜索服务所需要的参数，包括照片的 face_token 等。
- 第 9 行获取一个 face_token。
- 第 11 行根据 API 接口和 access_token 组装成 HTTP 请求 URL。
- 第 13 行设置 HTTP 请求的头部。
- 第 15 ～ 17 行发送人脸搜索服务的 HTTP 请求，并打印响应结果。

我们使用用户 1 的第二张照片的 face_token 提交人脸搜索服务，返回的结果如下图所示。

```
PS C:\Users\zhonliu\Desktop\AITech\Exp\facerecoinrap-master\BaiduFaceRecoProject> python .\FaceSearch.py
{u'log_id': 7579759905893L, u'timestamp': 1587486400, u'cached': 0, u'result': {u'user_list': [{u'user_info': u'user_inf
o of me', u'group_id': u'group_aiface', u'user_id': u'user_1_id', u'score': 95.242790222168}], u'face_token': u'0a76791c
a51da66122a55206d58407da'}, u'error_code': 0, u'error_msg': u'SUCCESS'}
```

返回结果表明这张照片的 user_id 为 user_1_id，置信度为 95.242790222168，这个结果几乎可以肯定这张照片中就是用户 1 的人脸。

至此，我们就完成了使用百度智能服务 API 来实现人脸识别的功能，对比我们自己本地训练的人脸识别模型，百度的人脸识别 API 调用简单、准确率更高、速度更快，这就是百度智能云端大量算力的力量。

**想一想**：智能门禁能用到生活中的哪些地方？

**做一做**：按照书中所描述的方法和步骤完成实践。

家庭作业参考答案

第1章

**·想一想：未来机器人会不会统治地球？**

在我们的日常生活中，扫地机器人、机器人管家随处可见，各种服务性质的机器人越来越多，甚至电影里的机器人已经开始朝着具备独立意识的智能化方向发展。这让许多同学感到担心：机器人在未来会成为人类的替代品从而统治地球吗？

当然不会！人工智能并非无所不能！

事实上基因决定了一个人的情感。机器人不是基因传承的结果，只是电子间的运算。机器人不会有情感，它可能在某个领域替代人类，给我们带来生活上的便利，但不会统治地球！

**·想一想：人工智能会不会让人类失业？**

当然不会！相反，人工智能带来了新工作——AI训练师，AI训练师的主要工作是训练网络模型，就像宝可梦训练师收服、训练、照顾宝可梦那样。

第2章

**·想一想：生活中有哪些图像分类的应用场景？**

图像分类在生活中有着非常广泛的应用，为我们的生活提供了很多便利和帮助。细心的同学会发现，现在大部分停车场和小区的出入口都有能够自动识别车牌号码的装置，减少了车辆进出、排队的时间，方便了大家的出行。车牌号码的自动识别过程就用到了图像分类技术。

在参观植物园时，我们可以看到茂密的灌木、参天的大树、缤纷的花朵，其中包含很多日常生活中难以见到的稀有植物。好奇的同学肯定想知道这些植物叫什么名字。在动物园游玩时，各种各样的小动物十分讨人喜欢，但是同学们很难清楚地区分"老虎园"里威风凛凛的老虎中哪只是华南虎、哪只是东北虎，"企鹅馆"里一群可爱的企鹅中哪只是帝企鹅、哪只是王企鹅。

这时候图像分类就可以帮助同学们解决上面遇到的种种问题了。首先，我们可以用相机拍摄那些不认识的植物的照片以及那些看起来十分相似的老虎和企鹅的照片，然后，人工智能通过图像分类就可以告诉我们答案。

**·做一做：使用图像分类完成人物分类。**

实验过程如下。

**第一步　创建模型**

1）点击 EasyDL 平台主页中的【立即使用】按钮，显示如图 A-1 所示的【选择模型类型】选择框，选择模型类型为【图像分类】，点击【进入操作台】。

图 A-1　选择模型类型

2）如图 A-2 所示，在【创建模型】页面中，填写模型名称、联系方式、功能描述等信息，即可创建模型。

图 A-2　完善模型信息

3）模型创建成功后，可以在【我的模型】中看到刚刚创建的模型"人物分类"，如图 A-3 所示。

图 A-3　模型列表

第二步　**上传并标注数据**

对于人物分类的任务，这个阶段主要是按照分类（如 mother、father、son）上传图片。

1）人物分类任务，我们准备了三种类别（mother、father、son）的人物图片，图片类型均为jpg。之后，需要将准备好的人物图片按照分类存放在不同的文件夹里，同时将所有文件夹压缩为.zip格式，压缩包的结构示意图如图A-4所示。

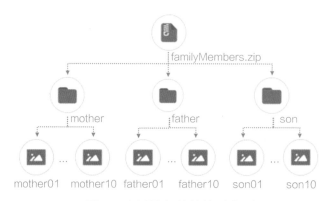

图 A-4　压缩包的结构示意图

2）创建"人物分类"数据集：点击【数据总览】→【创建数据集】，填写数据集名称，如图A-5所示，创建"人物分类"数据集，并上传familyMembers.zip压缩包，如图A-6所示。

图 A-5　填写数据集名称

3）上传成功后，就可以看到数据的信息了，共3个类别（mother、father、

son），每个类别中有 10 张图片，如图 A-7 所示。

图 A-6　上传压缩包

图 A-7　数据集展示

前两步已经创建好一个图像分类模型，并且创建了数据集，本步骤的主要任务是用上传的数据一键训练模型。并且在模型训练完成后，在线校验模型效果。

1）训练模型：如图 A-8 所示，在第二步数据上传成功后，在【训练模型】中，选择之前创建的"人物分类"模型，添加家庭成员数据集，开始训练模型。训练时间与数据量有关，在训练过程中，可以设置训练完成的短信提醒并离开页面。

图 A-8　模型训练

2）查看模型效果：模型训练完成后，在【我的模型】列表中可以看到模型效果，以及详细的模型评估报告。如图 A-9 所示，从模型训练整体的情况说明可以看到，该模型的训练效果还是比较优异的。

3）校验模型：在【校验模型】中，对模型的效果进行校验。我们上传了三张要预测的家庭成员照片，使用训练好的模型进行预测。训练结果如图 A-10、图 A-11 和图 A-12 所示。

- 图 A-10 中显示图片真实类别为 father，预测为 father 的置信度为 91.67%，预测正确；
- 图 A-11 中显示图片真实类别为 mother，预测为 mother 的置信度为 89.40%，预测正确；

- 图 A-12 中显示图片真实类别为 son, 预测为 son 的置信度为 99.35%, 预测正确。

图 A-9　模型整体评估

图 A-10　father 图片预测

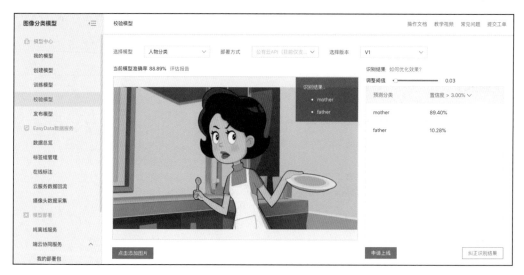

图 A-11　mother 图片预测

图 A-12　son 图片预测

## ·想一想：生活中有哪些物体检测的应用场景？

物体检测能在图像中把人、动物、汽车、飞机等目标物体检测出来，甚至能将物体的轮廓描绘出来，是人工智能的一项重要应用。

　　例如，在小区或者商场中都安装有摄像头，可以检测是否有违规物体、不法行为出现。在工业质检中，可以检测图片里微小瑕疵的数量和位置。在医疗领域，物体检测还可以用于医疗诊断，进行细胞计数和中草药识别等。

**·做一做：使用物体检测完成螺丝和螺母的识别。**

实验过程如下。

### 第一步　创建模型

1）点击 EasyDL 平台主页中的【立即使用】按钮，显示如图 A-13 所示的【选择模型类型】选择框，选择模型类型为【图像分类】，点击【进入操作台】。

图 A-13　选择模型类型

　　2）如图 A-14 所示，在【创建模型】中，填写模型名称、联系方式、功能描述等信息，即可创建模型。

　　3）模型创建成功后，可以在【我的模型】中看到刚刚创建的模型"螺丝螺母识别"，如图 A-15 所示。

图 A-14　完善模型信息

图 A-15　模型列表

## 第二步　上传并标注数据

这个阶段的主要任务是准备数据集，上传并标注。对于螺丝、螺母检测任务，我们准备了螺丝、螺母在不同场景下的数据，如图 A-16 所示。

## 第三步　训练模型并校验结果

前两步已经创建好一个物体检测模型，并且创建了数据集，本步骤的主要任务是用上传的数据一键训练模型。并且在模型训练完成后，在线校验模型效果。

1）训练模型：如图 A-17 所示，在第二步数据上传成功后，在【训练模型】中，选择之前创建的物体检测模型，添加数据集，开始训练模型。训练时间与数据量有关，在训练过程中，可以设置训练完成的短信提醒并离开页面。

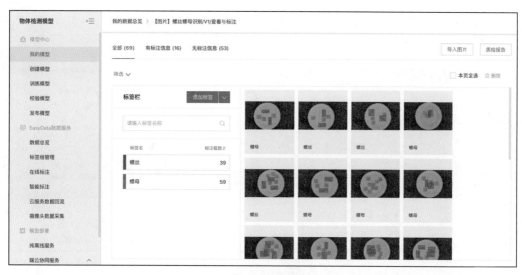

图 A-16　数据集

图 A-17　模型训练

2）查看模型效果：模型训练完成后，在【我的模型】列表中可以看到模型效果，以及详细的模型评估报告。如图 A-18 所示，从模型训练整体的情况说明可以看到，该模型的训练效果还是比较优异的。

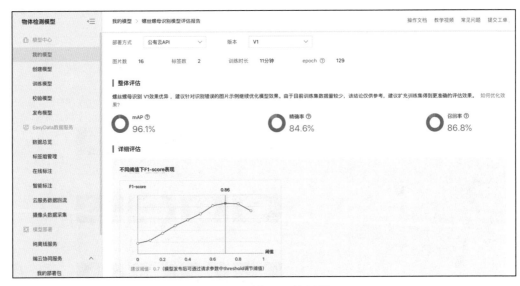

图 A-18　模型整体评估

3）校验模型：在【校验模型】中，对模型的效果进行校验。如图 A-19 所示，我们上传一张要预测的图片，使用训练好的模型进行预测。可以调整阈值，预测结果如图 A-20 所示。

图 A-19　上传图片

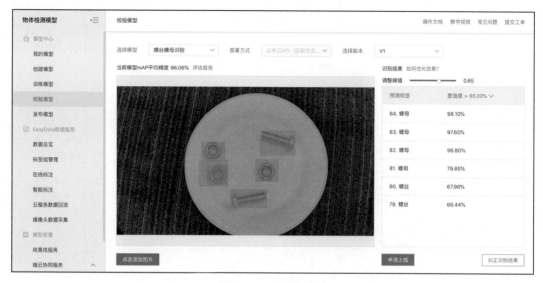

图 A-20　预测结果

## ·想一想：生活中有哪些文本分类的应用场景？

文本分类是一种自然语言处理技术，在现实生活中有着非常多的应用，例如新闻分类、对话情绪分类、评论分类等。

当我们打开手机看新闻的时候，可以看到各种新闻的类别，包括科技类、美食类、经济类等，这就是通过文本分类技术实现的。

## ·做一做：利用文本分类技术判断说话人的情绪。

实验过程如下。

**第一步　创建模型**

1）点击 EasyDL 平台主页中的【立即使用】按钮，显示如图 A-21 所示的【选择模型类型】选择框，选择模型类型为【文本分类－单标签】，点击【进入操作台】。

图 A-21　选择模型类型

2）如图 A-22 所示，在【创建模型】中，填写模型名称、联系方式、功能描述等信息，即可创建模型。

图 A-22　完善模型信息

3）模型创建成功后，可以在【我的模型】中看到刚刚创建的模型"情绪分类"如图 A-23 所示。

图 A-23　模型列表

**第二步** **上传并标注数据**

这个阶段的主要任务是按照分类上传文本数据。

1）对于情绪分类任务，我们准备了两种情绪的文本数据，包括正向情绪和负向情绪。之后，需要将准备好的文本数据按照分类存放在不同的文件夹里，同时将所有文件夹压缩为 .zip 格式，压缩包的结构示意图如图 A-24 所示。

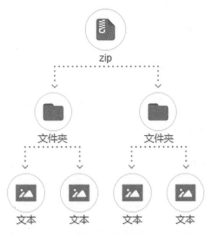

图 A-24　压缩包的结构示意图

2）创建"情绪分类"数据集。点击【数据总览】→【创建数据集】，填写数据集名称，如图 A-25 所示，即可创建"情绪分类"数据集，并上传压缩包，如图 A-26 所示。

图 A-25　填写数据集名称

图 A-26　上传压缩包

3）上传成功后，就可以看到数据的信息了，点击"查看"便可看到数据分为 2 个类别（0、1），以及每一类数据的数量，如图 A-27 所示。

图 A-27　数据集展示

第三步　训练模型并校验结果

前两步已经创建好一个文本分类模型，并且创建了数据集，本步骤的主要任务是用上传的数据一键训练模型。并且在模型训练完成后，在线校验模型效果。

1）训练模型：如图 A-28 所示，在第二步数据上传成功后，在【训练模型】中，选择之前创建的情绪分类模型，添加数据集，开始训练模型。训练时间与数据量有关，在训练过程中，可以设置训练完成的短信提醒并离开页面。

2）查看模型效果：模型训练完成后，在【我的模型】列表中可以看到模型效果，以及详细的模型评估报告。如图 A-29 所示，从模型训练整体的情况说明可以看到，该模型的训练效果还是比较优异的。

图 A-28　模型训练

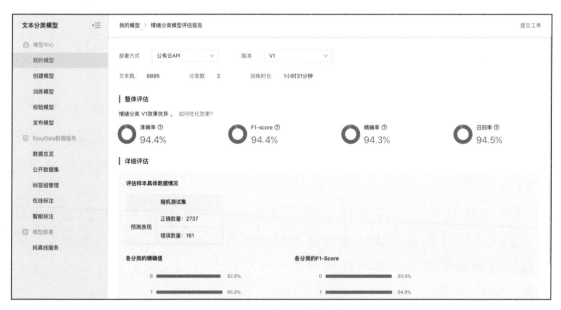

图 A-29　模型整体评估

3）校验模型：在【校验模型】中，对模型的效果进行校验。如图 A-30 所示，我们上传了一条文本数据，预测结果是正向情绪。

图 A-30　预测结果

### ·想一想：生活中有哪些声音分类的应用场景？

声音分类在我们的生活中同样有着非常广泛的应用，为我们的生活提供很多便利和帮助，比如音乐分类、发声体分类、语音场景分类、环境声音分类等。

在听到一首歌时，我们可以很轻易辨别出它是吉他弹奏还是钢琴曲。以音乐为中心，利用音乐的节奏、音符、乐器和旋律等音乐特性，可以对乐器、声乐作品等进行音乐分类。

在复杂的自然环境中，我们同样可以辨别出汽车发动机声、雨声、鸟叫声的区别，这利用的是声音的听觉特点。

在语音场景分类中，结合语音识别等处理技术，我们可以区分出电台节目、电话交谈、会议等不同的语音场景。

### ·做一做：使用声音分类技术识别小猫、小狗的声音。

实验过程如下。

第一步 **创建模型**

1）点击 EasyDL 平台主页中的【立即使用】按钮，显示如图 A-31 所示的【选择模型类型】选择框，选择模型类型为【声音分类】，点击【进入操作台】。

图 A-31　选择模型类型

2）如图 A-32 所示，在【创建模型】中，填写模型名称、联系方式、功能描述等信息，即可创建模型。

图 A-32　完善模型信息

3）模型创建成功后，可以在【我的模型】中看到刚刚创建的模型"小猫小狗声音分类"，如图 A-33 所示。

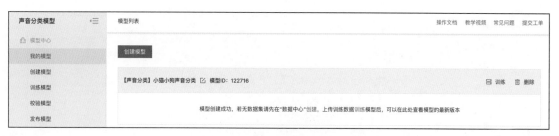

图 A-33　模型列表

### 第二步　上传并标注数据

这个阶段的主要任务是按照分类上传声音数据。

1）对于声音分类任务，我们准备了两种声音数据，包括小猫的声音和小狗的声音。之后，需要将准备好的声音数据按照分类存放在不同的文件夹里，同时将所有文件夹压缩为 .zip 格式，压缩包的结构示意图如图 A-34 所示。

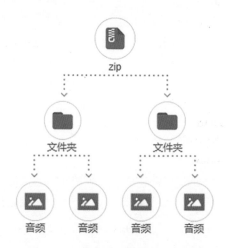

图 A-34　压缩包的结构示意图

2）创建猫狗分类数据集：选择【EasyData 数据服务】下的【数据总览】，点击【创建数据集】按钮，填写数据集名称如图 A-35 所示。创建小猫小狗声音分类数据集，并上传压缩包，如图 A-36 所示。

图 A-35　填写数据集名称

图 A-36　上传压缩包

3）上传成功后，就可以看到数据的信息了，共有2个类别（cat、dog），还可以看到每一类数据的数量，如图A-37所示。

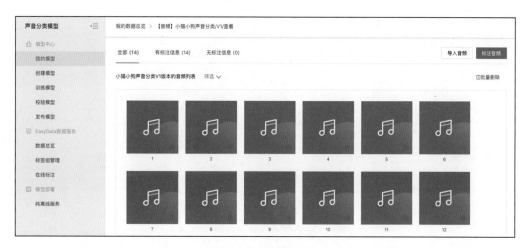

图 A-37　数据集展示

第三步　训练模型并校验结果

前两步已经创建好一个声音分类模型，并且创建了数据集，本步骤的主要任务是用上传的数据一键训练模型。并且在模型训练完成后，在线校验模型效果。

1）训练模型：如图A-38所示，在第二步数据上传成功后，在【训练模型】中，选择之前创建的"小猫小狗声音分类"模型，添加数据集，开始训练模型。训练时间与数据量有关，在训练过程中，可以设置训练完成的短信提醒并离开页面。

2）查看模型效果：模型训练完成后，在【我的模型】列表中可以看到模型效果，以及详细的模型评估报告。如图A-39所示，从模型训练整体的情况说明可以看到，该模型的训练效果还是比较优异的。

3）校验模型：在【校验模型】中，对模型的效果进行校验。如图A-40所示，我们上传了一条声音数据，预测结果是猫。

图 A-38　模型训练

图 A-39　模型整体评估

图 A-40　预测结果

# 第6章

## ·想一想：生活中有哪些视频分类的应用场景？

视频分类与我们息息相关，在生活中随处可见视频分类的应用。在一些社区、超市、仓储等场所的视频监控系统中，视频分类可以用于夜间防盗报警、区分人员类型、物品偷盗检测等，通常一个视频监控界面可以显示十几个不同的画面，很难通过人眼快速辨别。

在家庭视频监控中，可以按成员、按声音对视频进行区分，比如可识别出含有婴儿啼哭的视频画面。

在机场、海关等公共场所的视频监控中，视频分类和分析可用于自动追踪、人流量统计等。

## ·做一做：使用视频分类技术识别人物的动作。

实验过程如下。

### 第一步 创建模型

1）点击 Easy 平台主页中的【立即使用】按钮，显示如图 A-41 所示的【选择模型类型】选择框，选择模型类型为【视频分类】，点击【进入操作台】。

图 A-41　选择模型类型

2）如图 A-42 所示，在【创建模型】中，填写模型名称、联系方式、功能描述等信息，即可创建模型。

图 A-42　完善模型信息

3）模型创建成功后，可以在【我的模型】中看到刚刚创建的模型"识别人物动作"，如图 A-43 所示。

图 A-43　模型列表

第二步　上传并标注数据

这个阶段的主要任务是按照分类上传视频数据。

1）对于人物动作分类任务，我们准备了两种动作的视频数据，包括运球和拍手。之后，需要将准备好的视频数据按照分类存放在不同的文件夹里，同时将所有文件夹压缩为 .zip 格式，压缩包的结构示意图如图 A-44 所示。

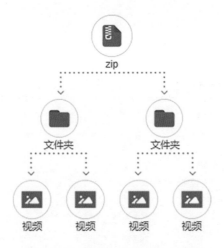

图 A-44　压缩包的结构示意图

2）创建动作分类数据集：选择【EasyData 数据服务】下的【数据总览】，点击【创建数据集】按钮，填写数据集名称，如图 A-45 所示，创建"识别动作"数据集，并上传压缩包，如图 A-46 所示。

图 A-45　填写数据集名称

3）上传成功后，就可以看到数据的信息了，数据分为 2 个类别（dribble、clap），还可以看到每一类数据的数量，如图 A-47 所示。

图 A-46　上传压缩包

图 A-47　数据集展示

训练模型并校验结果

前两步已经创建好一个视频分类模型,并且创建了数据集,本步骤的主要任务是用上传的数据一键训练模型。并且在模型训练完成后,在线校验模型效果。

1)训练模型:如图 A-48 所示,在第二步数据上传成功后,在【训练模型】中,选择之前创建的视频分类模型,添加数据集,开始训练模型。训练时间与数据量有关，在训练过程中，可以设置训练完成的短信提醒并离开页面。

图 A-48　模型训练

2）查看模型效果：模型训练完成后，在【我的模型】列表中可以看到模型效果，以及详细的模型评估报告。如图 A-49 所示，可以看到模型训练整体的情况说明。

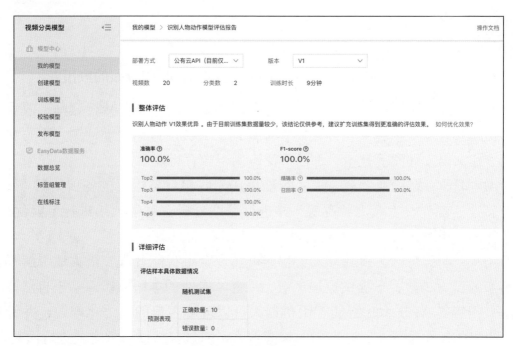

图 A-49　模型整体评估

3）校验模型：在【校验模型】中，对模型的效果进行校验。如图 A-50 所示，我们上传了一条视频数据，预测结果是鼓掌。

图 A-50　预测结果

**想一想：除了本章提到的，你还了解 AI 技术在哪些方面的应用？**

AI+ 教育：在教育领域，人工智能可以实现智能测评，减轻教师批改作业的压力，实现既规模化又个性化的作业反馈，如英语口语自动评测、手写文字识别、作文自动评阅等技术，都已广泛应用于教育行业。

AI+ 工业：在工业领域，人工智能可用于收集设备运行的各项数据（如温度、转速、能耗、生产力状况等）并进行深度分析，对生产线进行节能优化，提前检测出设备运行是否异常，同时还可提供降低能耗的措施。

AI+ 金融：在金融领域，人工智能可实现金融智能客服，极大地缓解了人工客服的压力，给客户提供更加高效、准确、专业的客服体验。基于自然语言理解、问答等 AI 技术，智能客服机器人可以理解客户的口语化问题，并针对客户提出的问题进行及时、准确的答案搜索，通过自然语言的方式进行回复。

**·做一做：体验百度智能翻译。**

机器翻译是利用机器将一种自然语言（源语言）转换为另一种自然语言

（目标语言）的过程。在我们日常生活中，翻译的场景无处不在，有语音实时翻译的同声传译、有文本实时翻译的中英翻译、有拍照取词翻译。在这些场景中，人们一直在追求如何让机器的翻译结果更加准确。这就是机器翻译的最终目标（见图 A-51）。

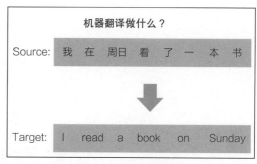

图 A-51　机器翻译

机器翻译技术自产生以来，经过了不同方法的迭代。而人工智能的快速发展为机器翻译带来了变革性的改变。百度公司也提供了机器翻译开放平台，包括通用翻译、垂直领域翻译、文档翻译和语种识别，这些功能可以在百度翻译上直接使用，如图 A-52 所示。除此之外，百度还提供了语音翻译和拍照翻译的功能。

图 A-52　百度机器翻译开放平台

这些人工智能技术为我们的生活带来了极大的便利。下面从百度翻译这个产品中来体验一下机器翻译技术的奇妙和便捷吧。

第一步，在手机上打开百度翻译应用，如图 A-53 所示。

图 A-53　百度翻译应用

第二步，点击【取词】功能，体验实时翻译。将应用上的取词框对准要翻译的文本，就可以自动翻译了，如图 A-54 所示。

图 A-54　取词翻译

第三步，点击【背单词】功能，体验背单词，如图 A-55 所示。

第四步，点击【拍照】功能，体验图片翻译。对要翻译的文档进行拍照，就可以自动对图片上的内容进行翻译，如图 A-56 所示。

图 A-55　背单词功能

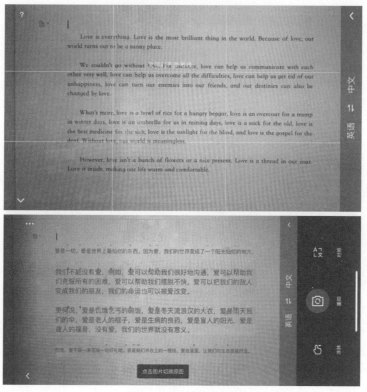

图 A-56　拍照翻译

第四步，点击【对话】功能，可以实现语音翻译。点击【说中文】按钮，说出"我是李雷"，百度翻译将会自动翻译为英文"This is Li Lei"；点击【Speak English】按钮，说出"Welcome to voice translation"，将会自动翻译为中文"欢迎使用语音翻译"，如图 A-57 所示。

图 A-57　语音翻译

**想一想：智能门禁能用到生活中的哪些地方？**

智能门禁在生活中的应用数不胜数，如公司门禁系统、高铁进站闸机、电子身份认证等，都采用了智能门禁的原理。

其中，公司门禁系统通过识别出入人员的人脸信息，将其与公司人员库中的人脸进行对比，若识别为本公司人员，即开门准许入内；否则，发出报警信号。高铁进站闸机通过识别待进站乘客的人脸信息，将其与所有购票人的实名认证信息进行对比，若识别为已购票人员，则开门准许入内；否则，发出报警信号。

**做一做：按照书中所描述的方法和步骤完成实践。**

扫描封底二维码下载压缩包，在【第 8 章】中找到本章所需的相关文件。按照课程大纲思路，结合下载的代码，即可完成实践。